2021—2022年中国工业和信息化发展系列蓝皮书

2021—2022年
中国安全应急产业发展蓝皮书

中国电子信息产业发展研究院　编　著

乔　标　主　编

高　宏　副主编

电子工业出版社

Publishing House of Electronics Industry

北京·BEIJING

内 容 简 介

本书分综合篇、领域篇、区域篇、园区篇、企业篇、政策篇、热点篇和展望篇八个部分，从多方面、多角度，通过数据、图表、案例、热点事件等多种形式，重点分析总结了2021年以来国内外安全应急产业的发展情况，比较全面地反映了2021年我国安全应急产业发展的动态与问题，对我国安全应急产业发展中的重点行业（领域）、重点地区、国家安全应急产业示范产业基地进行了比较全面的分析，展望了2022年我国安全应急产业的发展趋势。

本书可为政府部门、相关企业及从事相关政策制定、管理决策和咨询研究的人员提供参考，也可以供高等学校相关专业师生及对安全应急产业发展感兴趣的读者学习。

未经许可，不得以任何方式复制或抄袭本书之部分或全部内容。
版权所有，侵权必究。

图书在版编目（CIP）数据

2021—2022年中国安全应急产业发展蓝皮书 / 中国电子信息产业发展研究院编著；乔标主编．—北京：电子工业出版社，2022.12
（2021—2022年中国工业和信息化发展系列蓝皮书）
ISBN 978-7-121-44523-1

Ⅰ.①2… Ⅱ.①中… ②乔… Ⅲ.①安全生产－研究报告－中国－2021-2022
Ⅳ.①X93

中国版本图书馆 CIP 数据核字（2022）第 218502 号

责任编辑：许存权
印　　刷：北京虎彩文化传播有限公司
装　　订：北京虎彩文化传播有限公司
出版发行：电子工业出版社
　　　　　北京市海淀区万寿路173信箱　邮编：100036
开　　本：720×1 000　1/16　印张：16.25　字数：364千字　彩插：1
版　　次：2022年12月第1版
印　　次：2023年 5 月第2次印刷
定　　价：218.00元

凡所购买电子工业出版社图书有缺损问题，请向购买书店调换。若书店售缺，请与本社发行部联系，联系及邮购电话：(010) 88254888，88258888。
质量投诉请发邮件至 zlts@phei.com.cn，盗版侵权举报请发邮件至 dbqq@phei.com.cn。
本书咨询联系方式：(010) 88254484，xucq@phei.com.cn。

前　言

2021年是党和国家具有里程碑意义的一年，对中国和世界都意义非凡。面对百年未有之大变局，中国共产党走过了一百年历程，带领我们实现了第一个百年奋斗目标，正在意气风发向着全面建成社会主义现代化强国的第二个百年奋斗目标迈进。2021年，在以习近平同志为核心的党中央坚强领导下，全国人民坚持以习近平新时代中国特色社会主义思想为指导，全面贯彻党的十九大和十九届历次全会精神，弘扬伟大建党精神，按照党中央、国务院决策部署，坚持稳中求进工作总基调，完整、准确、全面贯彻新发展理念，加快构建新发展格局，全面深化改革开放，坚持创新驱动发展，推动高质量发展。

工业高质量发展，为推进安全应急产业发展奠定良好基础。2021年，中国工业经济持续恢复发展、产业链供应链韧性得到提升。2021年，规模以上工业增加值增长9.6%，比2020年提高6.8个百分点，制造业增加值占GDP比重达到27.4%；制造业增加值规模达到31.4万亿元，连续十二年居世界首位。从2020年抗击新冠肺炎疫情时的应急医疗物资严重短缺，到后来为全球提供防疫物资；从2020年抗击新冠肺炎疫情的应急保障，以及2020年、2021年应对各类自然灾害和安全生产事故的经验，对于提供先进技术和装备，我国的安全应急保障离不开工业的高质量发展。

统筹发展和安全,安全应急产业将在国家安全应急体系建设中发挥更重要的作用。统筹发展和安全,建设更高水平的平安中国是以习近平同志为核心的党中央做出的战略部署。强化安全源头治理,提升应急管理和救援能力,正是安全应急产业提升我国安全保障水平、发挥应有作用的着力点。2022年年初,国务院印发了《"十四五"国家应急体系规划》,明确提出了要"壮大安全应急产业"。经过十余年的发展,我国的安全产业和应急产业由分到合,从2011年《安全生产"十二五"规划》在"完善安全科技支撑体系,提高技术装备的安全保障能力"中提到"促进安全产业发展",到"十四五"规划的"壮大安全应急产业",不仅说明安全应急产业的发展与国家经济社会发展的进步密不可分,而且在增强我国应急体系建设、推进安全发展中,安全应急产业的发展至关重要。

一

2021年,我国自然灾害和安全生产形势总体保持平稳。2021年,面对严峻复杂的国际形势和国内新冠肺炎疫情多轮反弹、大宗商品价格过快上涨、暴雨洪涝等极端天气频发、煤炭增产保供等一系列因素给安全生产带来的冲击和挑战,我国安全形势总体稳定。在各地、各有关部门和单位的共同努力下,全国安全生产形势持续稳定向好,事故总量持续下降、较大事故数量同比下降;重大事故数量基本持平;连续两年未发生特别重大事故,是中华人民共和国成立以来最长的间隔期;全年共发生各类生产安全事故3.46万起、死亡2.63万人,与2020年相比,分别下降9%、4%。2021年,全国各种自然灾害共造成1.07亿人次受灾,因灾死亡和失踪867人,倒塌房屋16.2万间,直接经济损失3340.2亿元,与近5年均值相比,分别下降28%、10.4%、18.6%和5.5%。

我国应急体系建设仍待完善,安全保障能力亟待增强。要清醒地认识到,首先,我国自然灾害种类多、分布地域广、发生频率高、造成损失大,是世界上自然灾害最为严重的国家之一。2021年,我国自然灾害呈现出复杂严峻的形势,极端天气气候事件多发,自然灾害主要是洪涝、风雹、干旱、台风、地震、地质灾害、低温冷冻和雪灾等，也有不同程度的沙尘暴、森林草原火灾和海洋灾害等发生。其次，我国安全生产仍处于爬坡过坎期，各类安全风险隐患交织叠加，生产安全事故仍然易发多发。2021 年，我国发生死亡 10 人以上的重大事故 16 起，同比起数持平，还发生 1 起直接经济损失超过 5000 万元的重大事故。这些事故表明，目前我国各类突发事件带来的风险和挑战仍较为严重，还有新冠肺炎疫情仍在我国波动起伏，各地不断有散发疫情出现，给经济发展和社会安全带来了许多不稳定因素。加之外部经济环境的冲击，不确定因素增加，各类安全风险隐患加大。

壮大安全应急产业发展任重道远。经过十多年的培育和促进，我国安全应急产业进步明显，但高端产业还不能满足需要，如治疗新冠肺炎重症所需的 ECMO 设备尚需进口；产业集聚区发展还不平衡，像徐州、合肥、佛山等持续稳定发展的示范基地还偏少；具有带动作用的优势企业还不足，海康威视、徐工机械、新兴际华等产业链龙头企业尚属凤毛麟角。《"十四五"国家应急体系规划》中针对壮大安全应急产业，所提出的优化产业结构、推动产业集聚、支持企业发展也与目前安全应急产业发展的需求相吻合，具有很强的针对性。壮大安全应急产业，有利于推动先进安全应急技术和产品的研发及推广应用，有利于强化源头治理、消除安全隐患，有利于打造新经济增长点。

二

2021 年，我国安全应急产业系列政策出台。自 2020 年年底《安全应急装备应用试点示范工程管理办法（试行）》发布以来，特别是 2021 年一系列文件的发布及后续工作展开，促进了安全应急产业规范有序发展。2021 年 2 月，依据《安全应急装备应用试点示范工程管理办法（试行）》，工业和信息化部办公厅、国家发展改革委办公厅、科技部办公厅、应急管理部办公厅联合发布了《关于组织开展 2021 年安全应急装备应用试点示范工程申报的通知》（工信厅联安全函〔2021〕11 号）。申报工作围绕矿山安全、危化品安全、自然灾害防治、安全应急教育服务四方面需求，从安全生产监测预警系统、机械化与自动化协同作业装备、事故现场处置装备等 16 个重点方向征集了 3000 多个项目。2021 年 4 月，工业和信息化部、国家发展改革委、科技部联合发布了《国家安全应急产业示范基地管理办法（试行）》（工信部联安全〔2021〕48 号）。该办法明确了国家安全应急产业示范基地的组织、申报、评审命名和管理方法等。该办法提出了国家安全应急产业示范基地评价指标体系，分 6 类 25 项指标，其中包含 11 项约束项指标、13 项引导项指标和 1 项否决项指标。旨在保证示范基地示范性作用的同时，为有意向参与安全应急产业布局的地方单位明确发展方向，提升我国安全应急产业集聚区的技术发展水平、企业市场占有率和规模效益。2021 年 6 月，工业和信息化部、国家发展改革委、科技部组织开展了国家安全应急产业示范基地申报和评估工作。示范工程和示范基地相关工作的开发，有力地推动了安全应急产业的发展，将为后续安全应急产业规范、有序和高质量发展发挥重要作用。

通过十多年的培育与发展，我国安全应急产业已经形成了一定的规模。特别是自 2016 年年底《中共中央国务院关于推进安全生产领域改革发展的意见》发布以来，我国安全应急产业得到了进一步提升。同时，随着我国构建"以国内大循环为主体、国内国际双循环相互促进"新发展格局，安全应急产业示范基地创建工作的推动，我国安全应急产业区域发展分布正在从"两带一轴"的格局，向长三角、粤港澳、京津冀、成渝经济区四大区域为引领，东、中、西部协同发展的新局面展开。所支撑和保障的领域随着国家安全应急管理体系的健全完善，正在高质量发展的道路上快速前行。

2021 年，新冠肺炎疫情对我国安全应急产业发展来说，机遇与挑战并存。经过 2020 年抗击新冠肺炎疫情，我国应急医疗物资的相关产业发展有了快速发展，保障了我国抗击疫情的需要，也带动了应急医疗产业链的完善与发展。2021 年，疫苗在我国抗击新冠肺炎疫情中扮演着重要角色。2021 年 9 月 17 日，完成新冠病毒疫苗全程接种的人数突破 10 亿人，2021 年 11 月 29 日突破 11 亿人，2021 年 12 月 26 日突破 12 亿人；2021 年，全球新冠病毒疫苗产业约 110 亿剂，中国占比超过 45%。中国迄今已向世界上 120 多个国家和国际组织提供数十亿剂新冠病毒疫苗，约占中国以外全球疫苗使用总量的 1/3，成为对外提供新冠病毒疫苗最多的国家。

2021 年，安全应急产业克服新冠肺炎疫情影响，稳步推进相关工作。在工业和信息化部安全生产司等部门的组织下，安全应急装备应用试点示范工程申报和国家安全应急产业示范基地申报工作展开，共征集到超过 3000 个项目申报试点示范工程，24 个单位申报国家安全应急产业示范基地创建单位；截至 2021 年年底，示范工程和示范基地的初审工作已经完成，后续工作受新冠肺炎疫情影响有所推迟，正在制订新的方案以完成相关工作。尽管受新冠肺炎疫情影响，行业内最具影响力的中国安全应急产业大会、中国（徐州）安全应急装备博览会未能按计划举办，但 2020 年仍有一系列的安全应急产业交流推广活动在全国范围内广泛展开，在北京、合肥、太原、永康等地先后举办了多次安全应急产业研讨会、论坛和展览展示活动。2021 年，中国电子信息产业发展研究院安全产业所联合中国安全产业协会、阿里云等，出版了《2020—2021 年中国安全应急产业发展蓝皮书》，发布了《2020 安全应急产业示范基地创建白皮书》《中国安全应急产业发展白皮书（2021）》和《安全应急数智化转型白皮书》等研究论著。上述这些活动对推进我国安全应急产业发展发挥了应有作用。

展望 2022 年，安全应急产业将迎来一个新的发展阶段。2022 年，国内外形势更加复杂多变，我国发展面临的各类风险挑战明显增多，统筹疫情防控和经济社会发展，统筹发展和安全，继续做好"六稳""六保"工作，持续改善民生，着力稳定宏观经济大盘等任务愈加艰巨繁重。2022 年，中央经济工作会议提出"疫情要防住、经济要稳住、发展要安全"，安全应急保障的责任更加重要。随着安全应急产业示范工程、安全应急产业示范基地建设逐步进入规范化发展阶段，我国安全应急产业发展也将逐渐步入正轨。2022 年，安全应急产业的发展要紧扣稳增长、稳就业、稳物价的关键任务，精准高效地推进党中央一系列决策部署，牢牢守住不发生系统性风险的底线，满足人民日益增长的美好生活需要，确保我国经济稳定复苏向好，为实现保持社会大局稳定，迎接党的二十大胜利召开贡献力量。

三

壮大安全应急产业是落实统筹发展和安全的需要。针对四大突发事件需要，全面贯彻落实习近平总书记重要指示精神和党中央、国务院决策部署，积极推进应急管理体系和保障能力现代化，充分发挥安全应急产业在统筹发展和安全中的作用，对服务新发展格局，推进安全应急产业高质量发展非常重要。《"十四五"国家应急体系规划》中针对壮大安全应急产业，所提出的优化产业结构、推动产业集聚、支持企业发展也与目前安全应急产业发展的需求相吻合，具有很强的针对性。中国电子信息产业发展研究院安全产业研究所在工业和信息化部安全生产司等部门的支持下，在中国安全产业协会及有关单位的大力协助下，努力发挥在安全应急产业领域研究的特长，持续关注国内外安全应急产业的发展动向，落实统筹发展和安全的要求，积极把握国家应急体系建设的需要，希望能够继续为我国安全应急产业的发展献计献策。此次编撰的《2021—2022年中国安全应急产业发展蓝皮书》，是从2013年以来第八次撰写的安全应急产业发展的年度蓝皮书。全书分综合篇、领域篇、区域篇、园区篇、企业篇、政策篇、热点篇和展望篇八个部分，从多方面和多角度，通过数据、图表、案例、热点事件等多种形式，重点分析总结了2021年以来国内外安全应急产业的发展情况，比较全面地反映了2021年我国安全应急产业发展的动态与问题，对我国安全应急产业发展中的重点行业（领域）、重点地区、国家安全应急产业示范产业基地进行了比较全面的分析，展望了2022年我国安全应急产业的发展趋势。

综合篇，梳理全球的安全应急产业发展现状并进行了分析研究，对我国安全应急产业发展的状况和特点进行了总结，继2021年后，再次在蓝皮书中给出了我国安全应急产业的规模数据，指出了我国安全应急产业发展存在的问题，并提出了相应的对策建议。

领域篇，首次聚焦自然灾害、事故灾难、公共卫生、社会安全四类突发事件预防和应急处置需求，主要从基本情况、发展特点两个方面进行了较详细的分析研究。

区域篇，选取了我国经济发展最具活力的京津冀、长三角、粤港澳、成渝经济圈四大区域，对这些区域的安全应急产业发展，从整体发展情况、发展特点两大方面进行了研究，并选取了其中发展较好的重点省份进行介绍。

园区篇，选取了徐州、营口、合肥、济宁、南海、西安、随州、德阳、唐山、怀安等十个国家安全应急产业示范基地的基本情况进行研究，从园区概况、园区特色及存在问题三个方面进行了比较细致的分析研究。

企业篇，以上市企业和中国安全产业协会的理事单位为主，按大、中、小企业类型，选择了在国内安全应急产业发展较有特点的12家企业，对各企业的概况和主要业务等进行了介绍。

政策篇，对2021年我国安全应急产业发展的政策环境进行了研究，选取了《"十四五"国家应急体系规划》和《国家安全应急产业示范基地管理办法（试行）》等2021年对我国安全应急产业发展有重要意义的四个文件和政策进行了专题解析。

热点篇，结合我国经济社会安全发展和安全应急产业发展的热点事件，选取了四川凉山州冕宁县"4·20"森林火灾扑救、湖北十堰"6·13"重大燃气爆炸事故等五个突发事件，特别是以应急救援处置等作为热点话题，分别进行了回顾和分析。

展望篇，对国内安全应急产业主要机构的研究和预测观点进行了整理，对2022年中国安全应急产业发展从总体和发展亮点两个方面进行了重点展望。

赛迪智库安全产业研究所一直高度重视研究国内外安全应急产业的发展动态与趋势，努力发挥好对国家政府机关的支撑作用，以及安全应急产业领域的园区或基地、安全应急产业企业、金融投资机构及安全应急产业团体的服务功能。希望通过我们持之以恒的研究，对于壮大我国安全应急产业，推动贯彻落实统筹发展和安全战略部署，助力平安中国建设，促进我国安全应急体系建设，做出应有的贡献。

赛迪智库安全产业研究所

目录

综合篇

第一章 2021年全球安全应急产业发展状况 ……………………………… 002
    第一节 概述 …………………………………………………………… 002
    第二节 发展情况 ……………………………………………………… 005
    第三节 发展特点 ……………………………………………………… 007

第二章 2021年中国安全应急产业发展状况 ……………………………… 011
    第一节 发展情况 ……………………………………………………… 011
    第二节 存在问题 ……………………………………………………… 014
    第三节 对策建议 ……………………………………………………… 016

领域篇

第三章 自然灾害领域 ……………………………………………………… 020
    第一节 基本情况 ……………………………………………………… 020
    第二节 发展特点 ……………………………………………………… 024

第四章 事故灾难领域 ……………………………………………………… 026
    第一节 基本情况 ……………………………………………………… 026
    第二节 发展特点 ……………………………………………………… 029

第五章 公共卫生领域 ……………………………………………………… 031
    第一节 基本情况 ……………………………………………………… 031
    第二节 发展特点 ……………………………………………………… 037

第六章　社会安全领域·····039
第一节　基本情况·····039
第二节　发展特点·····042

区　域　篇

第七章　京津冀地区·····046
第一节　整体发展情况·····046
第二节　发展特点·····047
第三节　典型代表省份——河北省·····049

第八章　长三角地区·····052
第一节　整体发展情况·····052
第二节　发展特点·····052
第三节　典型代表省份——江苏省·····055

第九章　粤港澳大湾区·····059
第一节　整体发展情况·····059
第二节　发展特点·····060
第三节　典型代表省份——广东省·····063

第十章　成渝经济圈·····065
第一节　整体发展情况·····065
第二节　发展特点·····066
第三节　典型代表省份——四川省·····068

园　区　篇

第十一章　徐州国家安全科技产业园·····073
第一节　园区概况·····073
第二节　园区特色·····074
第三节　有待改进的问题·····076

第十二章　中国北方安全（应急）智能装备产业园·····078
第一节　园区概况·····078
第二节　园区特色·····079
第三节　有待改进问题·····080

第十三章　合肥公共安全应急产业园区 ·· 082
第一节　园区概况 ··· 082
第二节　园区特色 ··· 083
第三节　有待改进的问题 ·· 084

第十四章　济宁安全应急产业示范基地 ·· 085
第一节　园区概况 ··· 085
第二节　园区特色 ··· 086
第三节　有待改进的问题 ·· 087

第十五章　南海安全应急产业示范基地 ·· 088
第一节　园区概况 ··· 088
第二节　园区特色 ··· 089
第三节　有待改进的问题 ·· 090

第十六章　西安高新区安全产业示范园区 ·· 092
第一节　园区概况 ··· 092
第二节　园区特色 ··· 093
第三节　有待改进的问题 ·· 095

第十七章　随州市应急产业基地 ·· 096
第一节　园区概况 ··· 096
第二节　园区特色 ··· 097
第三节　有待改进的问题 ·· 098

第十八章　德阳经开区应急产业基地 ·· 100
第一节　园区概况 ··· 100
第二节　园区特色 ··· 101
第三节　有待改进的问题 ·· 103

第十九章　唐山市开平应急装备产业园 ·· 104
第一节　园区概况 ··· 104
第二节　园区特色 ··· 105
第三节　有待改进的问题 ·· 106

第二十章　怀安安全应急装备产业基地 ·· 108
第一节　园区概况 ··· 108
第二节　园区特色 ··· 108
第三节　有待改进的问题 ·· 110

企 业 篇

第二十一章　杭州海康威视数字技术股份有限公司 …… 113
- 第一节　企业概况 …… 113
- 第二节　代表性安全产品 …… 115
- 第三节　企业发展战略 …… 116

第二十二章　徐工集团工程机械股份有限公司 …… 118
- 第一节　企业概况 …… 118
- 第二节　代表性安全产品/技术/装备/服务 …… 119
- 第三节　企业发展战略 …… 121

第二十三章　北京千方科技股份有限公司 …… 124
- 第一节　企业概况 …… 124
- 第二节　代表性安全产品与服务 …… 126
- 第三节　企业发展战略 …… 128

第二十四章　北京辰安科技股份有限公司 …… 130
- 第一节　企业概况 …… 130
- 第二节　代表性安全产品与服务 …… 133
- 第三节　企业发展战略 …… 134

第二十五章　重庆梅安森科技股份有限公司 …… 135
- 第一节　企业概况 …… 135
- 第二节　代表性安全产品与服务 …… 136
- 第三节　企业发展战略 …… 138

第二十六章　浙江正泰电器股份有限公司 …… 140
- 第一节　企业概况 …… 140
- 第二节　代表性安全产品/技术/装备/服务 …… 141
- 第三节　企业发展战略 …… 143

第二十七章　威特龙消防安全集团股份公司 …… 147
- 第一节　企业概况 …… 147
- 第二节　代表性安全产品/技术/装备/服务 …… 149
- 第三节　企业发展战略 …… 152

第二十八章　万基泰科工集团 …… 155
- 第一节　企业概况 …… 155

第二节　代表性安全产品 ································· 156
　　第三节　企业发展战略 ··································· 158

第二十九章　江苏国强镀锌实业有限公司 ············· 160
　　第一节　企业概况 ······································· 160
　　第二节　代表性安全产品 ································· 161
　　第三节　企业发展策略 ··································· 165

第三十章　上海庞源机械租赁有限公司 ················ 167
　　第一节　企业概况 ······································· 167
　　第二节　代表性安全产品/技术/装备/服务 ················· 168
　　第三节　企业发展战略 ··································· 169

第三十一章　江苏华洋通信科技股份有限公司 ········· 171
　　第一节　企业概况 ······································· 171
　　第二节　代表性安全产品/技术/装备/服务 ················· 172
　　第三节　企业发展战略 ··································· 174

第三十二章　北京韬盛科技发展有限公司 ·············· 176
　　第一节　企业概况 ······································· 176
　　第二节　代表性安全产品与服务 ··························· 177
　　第三节　企业发展战略 ··································· 178

政　策　篇

第三十三章　2021年中国安全应急产业政策环境分析 ········ 182
　　第一节　加快建设全国统一大市场助推安全应急产业高质量发展 ···· 182
　　第二节　宏观层面：安全应急产业发展进入新阶段 ··········· 184
　　第三节　微观层面：统筹疫情防控和经济社会发展构筑高效韧性的应急
　　　　　　物流保障体系 ································· 186

第三十四章　2021年中国安全应急产业重点政策解析 ········ 188
　　第一节　《"十四五"国家应急体系规划》 ··················· 188
　　第二节　《国家安全应急产业示范基地管理办法（试行）》 ······· 193
　　第三节　《安全应急产业分类指导目录（2021年版）》 ········· 197
　　第四节　《关于组织开展2021年安全应急装备应用试点示范工程申报的
　　　　　　通知》 ······································· 200

热 点 篇

第三十五章　四川凉山州冕宁县"4·20"森林火灾扑救 ………… 206
　　第一节　事件回顾 ………… 206
　　第二节　事件分析 ………… 207

第三十六章　湖北省十堰市张湾区艳湖社区集贸市场"6·13"重大燃气爆炸事故 ………… 210
　　第一节　事件回顾 ………… 210
　　第二节　事件分析 ………… 211

第三十七章　郑州"7·20"特大暴雨灾害 ………… 215
　　第一节　事件回顾 ………… 215
　　第二节　事件分析 ………… 216

第三十八章　辽宁大连市开发区凯旋国际大厦"8·27"火灾扑救 ………… 219
　　第一节　事件回顾 ………… 219
　　第二节　事件分析 ………… 220

第三十九章　"3·21"东航坠机事故救援 ………… 222
　　第一节　事件回顾 ………… 222
　　第二节　事件分析 ………… 224

展 望 篇

第四十章　主要研究机构预测性观点综述 ………… 228
　　第一节　中国应急信息网 ………… 228
　　第二节　中国安全生产网 ………… 229
　　第三节　中国安防行业网 ………… 230
　　第四节　中国安全产业协会 ………… 232

第四十一章　2022年中国安全应急产业发展形势展望 ………… 234
　　第一节　总体展望 ………… 234
　　第二节　发展亮点 ………… 237

后记 ………… 241

综合篇

第一章

2021年全球安全应急产业发展状况

2021年以来,国际传统安全危险相对降低,非传统安全危险相对上升而突出。当前全球面临的非传统安全威胁主要包括国际恐怖主义、大规模杀伤性武器扩散、跨国有组织犯罪、国际金融与经济危机、国际能源与环境安全、国际公共卫生安全等。同时,全球灾难事故频发,英国一家非政府组织公布的调查数据显示,2021年十大最"昂贵"的天气灾害造成了超过1700亿美元的经济损失,比2020年增加了200亿美元。德国慕尼黑再保险公司(Munich Re)公布的2021全球自然灾害经济损失报告显示,自然风暴、洪水在全球范围内造成2800亿美元(2480亿欧元)的经济损失。破纪录的大暴雨引发洪涝,紧临赤道地区的天空飘起雪,原油在泄露,火山在喷发,冰川在融化,土地在荒漠,多地还出现了千年不遇的高温和严寒天气。在经济、安全不稳定情况下,灾害应急或将成为一种新常态,安全应急产业市场需求将有望迎来爆发。

第一节 概述

国外并没有安全应急产业这一称谓。安全应急产业的概念受国家工业安全生产水平和应急安全管理需求影响较大,国际上,安全应急产业的概念和范围划分并不统一,各个国家和地区由于自身的基本国情、经济发展水平及人文环境不同,对于自身安全应急产业的具体定义和范围划分都有独特的理解,安全应急产业的定义与其所处的地域安全形势与国家经济地位密不可分。与安全应急产业概念相近的称谓有:Safety

Industry（安全产业）、Occupational Safety（职业安全）、Emergency Response Technology Industry（应急技术产业）、the Incident and Emergency Management Market（应急管理市场）、Homeland Security and Public Safety Market（国土安全与公共安全市场），不同的称谓说明国外研究安全应急产业的关注点不同。

在美国，安全应急产业更偏重于国土安全，主要关注恐怖袭击预防应对、关键基础设施防护、生化核威胁应对等。最为成熟的产品集中在公共安全预警防控、火灾救助装备、防灾减灾培训、应急救援服务等。美国在安全应急科技和产业化的各个方面投入了大量人力、物力和财力，尤其是制造业、电子商务、第三产业达到了较高的水平，为预防和减少危害公共安全的突发事件等提供了强有力的支持。2021年，美国最大燃油管道运营商科洛尼尔管道运输公司等国家关键基础设施发生的网络恐怖活动，令网络安全成为当年美国安全应急领域关注的焦点。2021年5月12日，美国总统拜登签署了《加强国家网络安全的行政命令（Executive Order on Improving the Nation Cybersecurity）》，该行政命令提出了包括提高政府机构的安全、对与联邦政府签订合同的软件制造商实施新标准等改善联邦政府安全性的措施。但之后仍有人指出，美联邦政府关于网络安全的法规仍然具有片面性和部门性，因此拜登于2021年7月28日签署了《关于改善关键基础设施控制系统网络安全的国家安全备忘录》（National Security Memorandum on Improving Cybersecurity for Critical Infrastructure Control Systems）。该备忘录提出了包括指示国土安全部的网络安全和基础设施安全局（CISA）以及商务部的国家标准与技术研究所（NIST）等部门与其他机构合作，制定关键基础设施的网络安全性能目标等内容。自5月开始，美国国会已经提出了18项法案支持国家的网络安全能力，多数网络安全新法案都得到了两党支持，法案的出台将推动网络安全资金投入、数据泄露风险减小、加密货币调查等。

德国将安全应急产业称为"安全行业"，主要侧重于工业安全和社会安全，其发展得到了德国政府的大力支持，尤其是在其提出"工业4.0"后，德国更是将安全行业和信息技术相结合，推动新一代安全应急产品和技术的研发及产业化。从目前德国关注的产品和技术来看，智慧安保、电子报警装置、消防设备、基础设施防护、机械安全防护装置及设备等为重点发展的对象。近几年，德国在安全行业的销售额占据了全欧洲的25%。2021年9月，德国联邦内阁通过《2021年网络安全战略》，取代了2016年的网络安全战略，描述了联邦政府未来五年网络安全政策的基本方向。该新战略首次提供了具体的指导方针、措施和目标，并利用人工智能和网络技术应对数字化世界的挑战和风险。该战略提出四项指导方式，包括：将网络安全作为国家、企业、科学和社会的共同任务；加强国家、经济、科学和社会的数字主权；安全地塑造数字化；使目标可衡量和透明。

英国安全应急产业体系较为成熟，产品或装备生产企业较多，产品类型主要涉及个体防护用品、医疗救援装备及药品、应急救援车辆、救援工程机械及设备等，其中用于搜救和火灾救援的最多。英国的安全应急产业主要是面向自然灾害以及职业健康防护两个领域，专门针对各种人为或者自然灾害进行研究并提供技术及装备解决方案，其提出的 Safety Industry 主要是针对工作范围内的职业安全领域。英国2021年对国家安全和信息安全重视程度逐渐提高。4月29日颁布的《国家安全和投资法案》，针对英国的外国投资新设立范围广泛的审查制度。该法案促进对内投资，尤其是支持本国供应商参与涉及国家安全风险的核心领域，如国家基础设施行业、先进技术、军用和军民两用技术，以及政府和紧急服务部门的直接供应，尽可能减少对英国国家安全造成的潜在风险，并通过该审查制度来加强英国的国防和安全。5月，英国国防部发布《国防数据战略——构建数字主干，释放国防数据的力量》，提出到2030年将把数据视为推动和实现系统集成的重要资源，并将持续提供安全的、集成的、易于使用的数字能力，以获得"可持续"的军事优势，同时要求国防数字主干在设计过程中将充分考虑安全性因素，确保国防部的数据、网络、系统和决策过程的安全可靠。

日本安全应急产业主要包括生产安全、个人防护装备及劳保保健、社会安全及安防、与公共安全有关的环保医疗活动、安全（应急）组织与服务等，侧重于装备的先进性、专业性、系统性和多样性。由于日本自然灾害频发，安全应急产品及技术主要服务于地震、水灾、火灾等领域，且关联性较强。同时，日本的IT技术、机器人技术等已经广泛用于安全应急保障领域。此外，日本的安全应急服务产业体系也较为完善，其大中型的专业公司不但能够生产安全应急设备，还能提供专业的救援、危机管理、咨询与教育培训等服务。面对日益严峻的网络威胁、数字化挑战以及即将到来的东京奥运会，日本内阁网络安全中心(NISC)于2021年5月发布《下一代网络安全战略纲要》《网络安全研发战略》，进一步推进数字社会建设，构建网络防御体系，以期建立自由公共安全的网络空间。《下一代网络安全战略纲要》以提高经济社会活力、建立安全数字社会与国际安全参与为目标，设立"数字厅"作为数字化改革的指挥部门，借助企业力量推动多层次网络防御体系构建，提高网络攻击的防御、威慑和态势感知能力，全面加强国际网络合作。《网络安全研发战略》提出基于网络事件进一步理解和分析网络攻击技术，通过产学研生态系统的构建，重点发展物联网、人工智能、量子技术及密码技术。

第二节 发展情况

由于安全应急产业是一个复合的、交叉性很强的产业，各国对其定义和分类范围也各不相同，这就导致了无法将安全应急产业作为一个整体对其规模进行核算。从不同行业领域来看，在著名咨询机构Homeland Security Research Corporation（HSRC）发布的《Homeland Security & Public Safety (with COVID-19 & Vaccines Impact) Global Markets 2021-2026: A Bundle of 15 Vertical, 22 Technology & 43 National Markets Reports, 377 Submarkets》(《国家安全和公共安全的全球市场（包括新冠病毒感染/疫苗接种的影响）：所有15个行业，22种技术，43个国家和377个子市场的分析（2021—2026）》)报告中指出，全球国土安全和公共安全市场在经历了2020年的萎缩后，2021年市场规模正在逐步恢复正常（图1-1），到2026年预计将增长到6580亿美元。

此外，著名咨询机构markets and markets在2021年5月发布的《Homeland Security and Emergency Management Market by Vertical (Homeland Security, Emergency Management), Solution (Systems, Services), Installation (New Installation, Upgrade), End Use, Technology, and Region - Forecast to 2026》(《全球国土安全和应急管理市场(～2026年):工业(国土安全/危机管理)/解决方案(系统/服务)/安装分类(新安装/升级)/最终用途/技术/地区》)报告预测,全球国土安全和应急管理市场在预测期内将以 6.2%的复合年增长率增长,从 2021 年的 6687 亿美元增长到 2026 年的 9046 亿美元。智慧城市概念的扩展、物联网在国土安全方面的应用以及犯罪行为和恐怖袭击事件的增加等因素正在推动市场的增长。同时,该机构 2021 年 9 月发布的《Incident and Emergency Management Market by Component, (Solutions (Emergency/Mass Notification System, Perimeter Intrusion Detection, and Fire and HAZMAT), Services, and Communication Systems), Simulation, Vertical, and Region -Global Forecast to 2026》《全球突发事件和应急管理市场(～2026 年):组件(解决方案(应急和广播通知系统、边界入侵检测、火灾和危险品)、服务、通信系统)、模拟行业、地区》)报告预测,全球突发事件和应急管理市场将以 6.7%的复合年增长率增长,从 2021 年的 1240 亿美元增长到 2026 年的 1718 亿美元。公众对安全和安保的兴趣日益增加、人们对这些解决方案的业务连续性认识不断提高、越来越多地智能设备的使用,正在推动市场需求的不断增加。

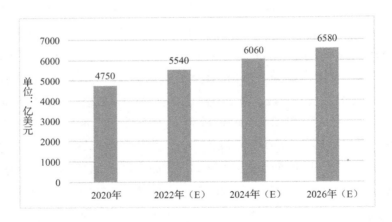

图 1-1 2020—2026 年全球国土安全和公共安全市场规模及预测
(数据来源:Homeland Security Research Corporation,2021.04)

根据前瞻产业研究院的报告显示,2021—2026 年,全球安防市场会经历先下降后上升的趋势，结合对未来行业形势的判断，预计到 2026 年全球安防行业市场规模为 3306 亿美元（图 1-2）。由于中国、美国、欧洲等地对于传统安防的需求下降，而智能安防的全面发展仍然需要时间，东南亚、非洲、中东及中南美洲等发展中地区市场将有所增长，但由于其市场较小，成长需要时间。

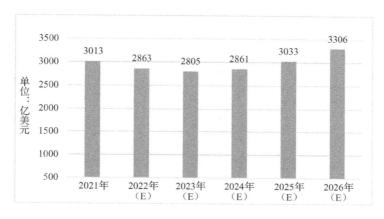

图 1-2　2021—2026 年全球安防市场规模及预测
（数据来源：前瞻产业研究院，2022.04）

著名咨询机构 Homeland Security Research Corporation（HSRC）发布的《Investigation And Security Services》报告显示，由于受到新冠肺炎疫情影响，2020 年全球调查和安全服务（包括安防、保全、传统安全应急服务等）市场规模为 1.1 万亿美元，到 2027 年将达到 1.3 万亿美元，2020—2027 年期间的复合年增长率为 3.2%。报告中分析，未来几年由于受疫情和经济危机影响，安全系统服务未来 7 年的复合年增长率为 2.9%，这一细分市场目前占全球已调查安全服务市场的 44.9%。

第三节　发展特点

一、数智化转型成为发展新趋势

根据全球信息技术发展趋势，云计算、大数据、物联网、人工智能、移动互联、IPV6、虚拟现实（VR）、增强现实（AR）、5G等新一代信息技术在各领域深度融合应用，安全应急数智化转型的"新四化"正在不断定义机制创新、技术创新、应用创新和模式创新。

一是监管一体化。这是各国在实施国家安全战略的重点方式，是提升安全应急能力的有力保障，也是提升安全应急管理效率的有效手段，当前安全应急数智化转型发展示范效应凸显。

二是技术融合化。新一代信息技术成为促进安全应急数智化转型的重要手段，技术融合已全面提升安全应急数智化发展水平。

三是装备智能化。安全应急装备智能化是时代发展的新需求，也是目前全球安全应急市场的"新宠儿"，可大幅提升防灾减灾救灾保障能力。

四是服务精准化。通过大数据分析来为安全应急服务精准化提供有力保障，安全应急数智化将助力防灾减灾预警的精准化。

各国十分重视安全应急产业的数智化转型发展。如美国十分重视数字化转型在国土安全方面的应用，2021年10月美国陆军首席信息官办公室发布《美国陆军数字化转型战略》，旨在指导美国陆军的数字化转型工作，并指出美国陆军将采用通用云服务来实现云架构、安全监控的标准化和云支出的透明。美国陆军将优先考虑支持"会聚工程（Project Covergence）"和多域作战的用例，包括战术云试点、具备威胁能力的红队，以及整个美国陆军的原型化工作，并酌情与盟国伙伴合作。

二、新兴成熟技术创造出新商机

随着新冠肺炎疫情大流行、地缘政治因素等国际局势的不断变化，全球开始关注安全应急领域的新产品和服务的性价比，以及新兴成熟技术创造的新商机。如在消防救援领域，美国豪士科、德国曼恩、芬兰搏浪涛、中国徐工消防等企业，研制开发了紧凑型云梯消防车、超高米数登高平台消防车、带有破拆功能的举高喷射消防车、高层供水消防车等各类新型高端消防车，可解决高层建筑灭火救援实战中出现的诸如街道狭窄登高作业面不足、超高层建筑着火点高、建筑物外表被玻璃幕墙遮挡覆盖等实际问题，市场需求量巨大。美国豪士科更是专为中国市场研发的高层供水消防车最大供水高度达420米，为全球最高。成熟的技术创造了新商机,例如根据中国海关数据,自 2019 年起,我国高端消防车进口数量和耗资急剧增加,较 2018 年分别增长 252.5%和 252.1%(如图 1-3 所示),尽管如此,其市场饱和率仍不到 25%,总体保有量不到欧美发达国家的 30%。未来几年,高端消防车的进口数量仍将处于高位,且潜在替换市场规模将越来越大。

图 1-3　2014—2021 年我国进口消防车数量及金额
（数据来源：中国海关,2022.03）

三、服务化转型成为企业业务拓展新选择

新时期新阶段,全球安全应急产品行业发展逐渐进入了一个瓶颈期。企业产品同质化竞争严重,从自身盈利需求角度来讲,需要寻找新的获利点；同时,产品越来越多,分布越来越广,依靠单一的产品销售难以满足消费者的需求,用户更倾向选择解决方案。这就要求安全应急产品生产企业加快转型发展,以探索通过服务和用户建立长期联系,提升用户黏性,打造为企业带来持续性收益的新模式。

从全球安全应急装备重点生产企业的服务化转型方式来看,主要有以下三种模式：

一是上下游服务环节的纵向延伸。安全应急装备制造企业在保持制造业核心环节的基础上,将上下游服务环节作为新的增值方向,纳入价值链中，打造制造—服务循环产业链条。

二是核心价值链的多元横向延伸。安全应急装备制造企业在维持原有核心价值链不变的基础上，通过横向拓宽产业链条，如研发不同类型产品以获得新的经济增长点等方式，形成核心价值链的有效增值，进而实现主营业务打造新的经营领域及利润增长空间，实现核心价值链的多元化发展。

三是虚拟化重置。安全应急装备制造企业传统价值链上的一些非战略性的价值环节虚拟化，在实现战略外包同时将服务价值发展成核心增值环节，并牢牢把握住这些战略环节。

例如后疫情时代，霍尼韦尔积极推进数字化服务转型，并打造了安全与生产力解决方案集团，成为其四大业务集团之一。霍尼韦尔安全与生产力解决方案集团正通过提供移动工业终端、语音识别软件和工作流、扫描和打印技术、智能仓储解决方案、企业软件和互联解决方案以及气体检测技术与个人安全防护设备等产品，来帮助企业提高作业安全性和事故应对能力，优化制造、存储、配送等流程，构建精益化生产模式，提升企业运营绩效，赋能企业智造转型升级，同时降低资源消耗和环境污染。例如自动化识别与数据采集解决方案，涵盖了移动数据终端、条码扫描器、条码打印机、仓储语音软件、RFID、软件解决方案等；智能仓储解决方案可提供一站式的自动化物料搬运解决方案，涵盖了方案设计、产品安装调试以及交付后的技术支持与维护等，帮助零售商、制造商和物流提供商实现仓储效率升级，优化运营绩效；此外，霍尼韦尔还成立了企业软件部门，基于精益数字化的理念，形成了以MOM为核心融合智能边缘设备的软硬结合的解决方案，帮助企业实现从生产到仓储，从管理到执行的人机料法环的全流程优化，持续优化运营。

第二章
2021年中国安全应急产业发展状况

第一节 发展情况

一、产业发展初具规模

2021年我国安全应急产业发展迅速。通过分析我国安全应急产业上市企业规模及占总体产业规模的系数,全年我国安全应急产业总产值超过1.7万亿元,较2020年增长约13%。此外,我国从事安全应急产业的企业中,制造业生产企业占比约为60%,服务类企业约占40%。从区域来看,东部沿海地区安全应急产业规模相对较大,销售额稳步增长,利润丰厚,竞争力强,引领区域安全应急产业快速发展。中西部地区安全应急产业也具有了一定发展基础,东强西弱的产业格局逐步改善。

二、国家政策持续利好

2021年1月,工业和信息化部、国家发展和改革委员会、科学技术部、应急管理部等四部委办公厅发布了《关于组织开展2021年安全应急装备应用试点示范工程申报的通知》(工信厅联安全函〔2021〕11号),围绕矿山安全、危化品安全、自然灾害防治、安全应急教育服务四方面需求,从安全生产监测预警系统、机械化与自动化协同作业装备、事故现场处置装备等16个重点方向,遴选一批技术先进、应用成效显著的试点示范项目,鼓励地方政府通过专项资金等政策支持示范工程建设。

2021年4月,工业和信息化部、国家发展和改革委员会、科学技术部三部门联合发布了《国家安全应急产业示范基地管理办法（试行）》（工信部联安全〔2021〕48号），旨在产学研合作、技术推广、标准制定、项目支持、资金引导、交流合作、示范应用、应急物资收储等方面对示范基地（含创建）内单位给予重点指导和支持。

2021年12月，国务院印发了《"十四五"国家应急体系规划》，对"十四五"时期安全生产、防灾减灾救灾等工作进行全面部署。作为向自然灾害、事故灾难、公共卫生事件、社会安全事件等各类突发事件提供安全防范与应急准备、监测与预警、处置与救援等专用产品和服务的安全应急产业，在规划中给出的关键词是"壮大"，并从优化产业机构、推动产业集聚、支持企业发展三方面提出了具体要求。

三、产业集聚效应逐步显现

经过多年的培育和发展，我国安全应急产业已经形成了"两带一轴"的总体空间格局。第一带是北起吉林省长春市、南至广东省深圳市，从长白山沿海南下，直至珠江口的产业"东部发展带"；第二带是西起新疆乌鲁木齐、南至贵州贵阳，从天山脚下到云贵高原的产业"西部崛起带"；一轴则是指由安徽省合肥市到湖南省长沙市，包含安徽、江西、湖北、湖南中部四省的"中部产业连接轴"。这些地区依托原有资源和产业基础、人才优势，大力推进安全应急产业良性发展。

同时，随着我国构建"以国内大循环为主体、国内国际双循环相互促进"新发展格局，安全应急产业示范基地创建工作的推动，我国安全应急产业区域分布已经从"两带一轴"的格局，正在向长三角、粤港澳、京津冀、成渝经济区四大区域为引领，东中西部协同发展的新局面转变。此外，在国家政策支持下，目前，全国先后有6个园区获批为国家安全产业示范园区（含创建单位），20个产业基地获批为国家应急产业示范基地。同时，工业和信息化部、国家发展和改革委员会、科学技术部也在持续开展国家安全应急产业示范基地创建工作，目前已有13个省市的24个单位申报了专业类或综合类的国家安全应急产业示范基地创建单位，涉及省份包括北京、上海、江苏、广东、浙江、安徽、湖北等，涉及领域如安全防护类、监测预警类、应急救援处置类、安全应急服务类。

我国部分安全应急产业示范基地（园区）发展情况，见表2-1。

表 2-1 我国部分安全应急产业示范基地（园区）发展情况

序号	基地（园区）名称	创建时间	所在地	发展特色
1	徐州安全科技产业园	2013 年	江苏徐州	矿山安全、危化品安全、建筑消防、公共安全、交通安全
2	中国北方安全（应急）智能装备产业园	2014 年	辽宁营口	以矿山安全（应急）装备制造为主，以危险化学品、交通运输等领域安全（应急）装备制造和安全（应急）装备的运输、市场贸易为辅
3	合肥高新区安全产业园	2015 年	安徽合肥	交通安全、矿山安全、火灾安全、信息安全、电力安全
4	济宁高新区安全产业园	2017 年	山东济宁	应急救援、矿山安全、安全车辆、安全服务
5	粤港澳大湾区（南海）智能安全产业园	2018 年	广东佛山	智慧安防、智能工业制造及防控设备、安全服务、新型安全材料、信息安全、车辆专用安全设备
6	河北怀安工业园区	2015 年	河北怀安	高端装备制造、应急产品研发制造、城市公共安全监测预警平台
7	四川省德阳市	2017 年	四川德阳	关键基础设施检测、监测预警、应急动力供电、低空应急救援、特种机应用和工程救援
8	唐山市开平应急装备产业园	2019 年	河北唐山	矿山监测预警、工程抢险装备和应急防护装备
9	常州市溧阳经济开发区	2019 年	江苏常州	防护产品、救援处置产品、智能化应急产品、柔性化应急防护材料
10	赤壁高新技术产业园区	2019 年	湖北赤壁	应急交通工程装备、消防处置救援装备与应急服务

四、供给能力持续增强

一是安全应急装备体系逐步完善。当前,我国先进安全应急装备基本实现了对安全防护、监测预警、应急救援、安全应急服务的全面覆盖,其供应商既包括如新兴际华、徐工集团、内蒙古一机集团等行业内"大而全"的领军企业,也包括如北京安氧特、陕西法士特等"专而精"的优质企业。

二是在关键领域实现技术创新突破。例如,航天科工集团二院开发的高层楼宇灭火系统,首次使用发射"导弹"的方式进行消防灭火,最大射程可达500米,填补了我国在高层、超高层建筑消防外部救援装备领域的技术和装备空白。

此外,信息技术与传统安全应急装备相结合产生了新的产品形式和解决方案。如传统矿用运输车与5G相结合,形成全球首个无人驾驶矿车应用,可实现矿区生产运输的无人化,最大程度减少了工程现场作业人员数量,有效确保人员安全。

第二节 存在问题

一、产业发展的推进机制尚需建立健全

一是顶层设计有待完善。多年来,安全产业和应急产业并行发展,分别从预防和救援两方面推动了产业进步。两大产业融合发展中,顶层的政策已不能适应当前产业发展壮大的需要。但新整合的产业缺少符合新趋势、针对新特点的科技创新、区域布局优化、先进产品推广应用等方面的政策支持,急需制定配套的细化政策措施。

二是基础研究工作有待进一步深入。由于学术界对之前安全产业和应急产业两大产业的本质内涵、分类体系不清晰、不统一,对合并后的安全应急产业也缺少专门的统计口径,主管部门无法对该产业进行科学的管理,对哪些细分领域的产能是否过剩也缺乏一个整体的认识。

三是产业间协调机制尚需完善。安全应急产业隶属关系复杂,分散于机械、电子、化工、信息等多个行业领域之中,但不是各行业发展的主体,并且各个领域协调机制不畅,阻碍了安全应急产业健康有序发展。

二、部分安全应急技术和装备供给能力偏弱

我国安全应急产业起步晚，大部分安全应急产品仍未摆脱技术含量低、附加值低的状况。

一是市场分化严重，有效供给不足。在通用领域、低端市场的产品技术门槛较低，生产企业较多，产能相对过剩。在高端产品市场，市场占有率较低。航空应急救援装备、矿山智能化采掘平台、深海应急救援装备、安全监测检测仪器等领域关键设备仍然存在明显的对外依赖。

二是部分大型、关键性安全应急装备在产品性能、稳定性和可靠性方面有待提升。例如，我国举高消防车的工作高度范围为 20 米至 100 米左右，难以满足高层建筑灭火救援的要求；国产消防车底盘等产品较国外进口产品仍存在明显差距，特别是国产装备 50 米以上举高车产品基本全部采用进口底盘配置。

三是重大安全应急装备领域成果转化率不高。如我国已形成国产直升机航空消防救援装备能力，但由于直升机场等配套设备不全、吊桶等配套装备不足、成果转化投入大且承担风险较高，导致企业成果转化动力不足。

三、安全应急产品市场推广及驱动力不足

当前，安全应急产品采购以政府管理部门和高危行业企业为主，市场培育不足，家用和个人需求尚未释放，市场需求量较小。

一是供需脱节。由于突发事件具有突发性、耦合性等特征，市场需求难以准确量化。除应急部门等少量用户外，应急产品需求主体不明确，无法进行有目的的生产。

二是全社会的参与程度亟待提高。家庭自主购买应急产品意愿不强，企事业单位配置应急产品随意性大。很多领域缺乏强制性产品配备标准，如日本等发达国家高层建筑必须配备的逃生绳索、缓降器等还没有纳入我国的强制配置标准。此外，我国燃气用户数量接近 2 亿户，安装燃气报警器的用户量极少。究其原因，一方面燃气报警器的宣传力度不够，另一方面在报警产品推广中存在以次充好、强买强卖等现象，也影响了提高燃气报警器使用率和使用效果。

为此，我国应尽快提升报警装置和控制系统的普及率，营造安全应急新型消费良好环境。

四、区域布局不平衡，西部、东北地区较为薄弱

当前，我国安全应急产业发展不平衡，呈现东强西弱的态势。我国安全应急产业以基地为核心，在各区域内集聚式发展。从已公示的 20 家国家应急产业示范基地和 6 家国家安全产业示范园区情况来看，东部为 13 个，占全部安全应急产业示范基地的 50%；中部为 7 个，占比 27%；西部和东北部分别为 4 个和 2 个，占比 15% 和 7%。3/4 以上的安全应急产业集聚区集中在东、中部地区。东部的安全应急产业集聚发展主要集中在广东、浙江、江苏。中部地区则主要集中在河南、湖北等省份。从西部、东北地区来看，除四川、长春等少数地区产业发展初具规模之外，其他地区安全应急产业发展仍处于起步阶段，基地规模、创新能力、安全保障能力、发展环境等有待进一步提升。此外，吉林、山东、河北、新疆等地也正在建设安全应急产业示范基地。安全应急产业由东部向中西部拓展，东强西弱的产业格局将逐步改变，在全国多地落地开花，未来也将呈现出更广泛、更规范的发展局面。

第三节 对策建议

一、加强顶层设计与宏观政策引导

一是尽快出台顶层的指导性政策。顺应安全和应急产业融合发展的大趋势，建议在原来安全产业和应急产业指导意见的基础上，尽快出台《壮大安全应急产业发展的指导意见》，从宏观政策上为健全完善壮大安全应急产业发展提供保障。

二是完善安全应急产业政策。加强投融资、税收等政策方面的鼓励和优惠，充分调动投资主体的积极性，吸引国家大中型企业加入安全应急产业，扩大我国安全应急产业规模。

三是建立安全应急产业协调机制。建立部门间协调机制，围绕安全应急产业供需和市场推广，综合工信、发改、科技等供给侧管理部门以

及应急、卫健委、公安部等需求侧应用部门力量，破除装备研发、生产和应用的制度性障碍；建立行业间协调推进机制，加强安全应急产业与原材料、装备、消费品、电子、信息等行业紧密合作，协同组织技术创新、应用试点示范、产业基地创建等工作，合力推进产业发展。

二、支持关键安全应急技术研究和产业化

一是加强关键安全应急技术研究。建立政产学研用相结合的科技创新体系，着力解决制约我国安全应急技术和装备发展的共性、关键技术难题。结合安全生产和应急管理实战需求，组织安全应急装备研发揭榜挂帅技术攻关，重点推动航空灭火成套救援装备、高端城市救援装备、井下应急通信装备、高端防汛装备等核心技术。

二是布局安全应急装备制造业创新中心。一方面，在已建成的轻量化材料、机器人、先进轨道交通装备等创新中心中增加安全应急装备攻关任务。另一方面，筹备组建安全应急装备集成应用方面的创新中心，助力打造政产学研用相结合的"创新链"。

三是支持安全应急技术产业化。编制《安全应急装备政府采购目录》，综合运用政府优先采购、订购、首台套补贴、编制进口负面清单等方式支持产业化、国产化应用。持续开展安全应急装备示范工程，将应用成效显著、技术水平先进、推广模式创新的安全应急装备树立为行业示范，带动装备推广和品牌提升。

三、引导企业集聚发展，完善产业链

通过以点带线、以线带面，逐步形成龙头企业带动、特色产业集聚的发展格局。

一是继续开展国家安全应急产业示范基地创建。根据区域突发事件特点和产业发展情况，继续选择应急产业基础较好的地区，积极培育建立一批应急产业特色园区、集群。如徐州、合肥等地已将安全应急产业作为区域产业结构转型升级的重要支柱，引导企业集聚发展专业化、成套化、智能化的安全应急产品，形成区域经济新的增长极。

二是因地制宜，积极塑造特色基地。各基地应充分做好前期调研和

产业规划，研判政策导向，科学论证产业发展方向和目标，与周边地区协同发展，与其他产业集聚区错位发展，规避同质化竞争。结合实际，选择综合性、专业性等不同的发展模式。

三是锻造上下游企业间协同发展的产业链。培育一批龙头企业、专精特新和科技型中小企业，形成骨干企业示范引领、中小企业特色支撑、融通发展的产业格局。鼓励各地构建集产品研发创新与生产、应急培训演练等功能于一体的特色园区或基地，完善安全应急产业链。

四、积极培育安全应急需求市场

一是多方联动促进安全应急消费升级。推动形成政府采购、工程配置、家庭使用为主的应急产品和服务消费格局。用好国家安全应急产业大数据平台，建立安全应急装备采购需求清单和供给资源池；引导单位、家庭、个人在逃生、避险、防护、自救互救等方面主动购置应急产品和服务；鼓励企业在商业模式、网络营销、技术应用、产品服务等方面创新增加应急产品销售。

二是加强宣传教育，扩展家用市场。出台引导家庭购置安全应急产品和服务鼓励指导目录，探索设立产品和服务专项购置补贴，营造安全应急新型消费良好环境。例如，群众的燃气使用安全意识不足制约了我国家用燃气报警器的推广应用，建议学习日本做法，开展专项行动，通过事故警示教育、产品宣传、上门服务、社会化合作等不同形式，持之以恒地推进居民燃气报警器的普及。

三是加强安全应急培训与体验。支持由安全应急产品和服务提供商合作共建体验式安全应急教育培训服务机构，重点开展针对学生及家长的安全应急培训，以提高全社会的安全意识和应急能力，促进个人和家庭安全应急消费。

领 域 篇

第三章

自然灾害领域

我国是受自然灾害影响最为严重的国家之一，呈现出自然灾害多发、频发等特点。按照我国《自然灾害情况统计调查制度》，自然灾害是指洪涝、干旱等水旱灾害，台风、风雹、低温冷冻、雪灾、沙尘暴等气象灾害，地震灾害，崩塌、滑坡、泥石流等地质灾害，风暴潮、海啸等海洋灾害，森林草原火灾和重大生物灾害等。我国几乎每年都会发生重特大自然灾害，给人民群众生命和财产安全造成严重危害。努力防范并减轻重大自然灾害风险，加快提高灾害应急和救助能力已成为提升社会治理水平的重要课题。

第一节 基本情况

一、自然灾害防治受到高度关注

2010年，我国颁布了《自然灾害救助条例》（国务院令第577号），并于2019年进行了修正。《自然灾害救助条例》针对自然灾害准备不足和应对不力等情况，提出"县级以上人民政府应当建立健全自然灾害救助应急指挥技术支撑系统，并为自然灾害救助工作提供交通、通信等装备；国家建立自然灾害救助物资储备制度，设区的市级以上人民政府和自然灾害多发、易发地区的县级人民政府应当设立自然灾害救助物资储备库"等内容，为规范自然灾害救助工作提供指导。

党的十八大以来，以习近平同志为核心的党中央高度重视防灾减灾救灾，多次做出重要指示。习近平总书记多次强调，防灾减灾救灾事关人民生命财产安全，事关社会和谐稳定。要坚持以防为主、防抗救相结合，坚持常态减灾和非常态救灾相统一，努力实现从注重灾后救助向注重灾前预防转变，从应对单一灾种向综合减灾转变，从减少灾害损失向减轻灾害风险转变，全面提升全社会抵御自然灾害的综合防范能力。

二、自然灾害风险防控难度大

我国自然灾害形势复杂严峻，极端天气事件多发。2021年，自然灾害造成我国1.07亿人次受灾，因灾死亡和失踪867人，紧急转移安置573.8万人次，直接经济损失3340.2亿元。应急管理部发布2021年我国十大自然灾害情况见表3-1。全年自然灾害以洪涝、台风、风雹、干旱、地质灾害、地震、低温冷冻和雪灾为主，森林草原火灾、沙尘暴和海洋灾害等也有发生。其中，强降雨过程共发生42次，年降水量达659毫米，较常年明显偏多。东北地区西部南部、华北大部、黄淮大部、西北地区东南部的部分地区降雨量更较常年偏多3成至1倍。特别是主汛期极端暴雨强度大，致灾性强。其中，7月17日至23日，河南省遭遇历史罕见特大暴雨，引发特大暴雨洪涝灾害，受灾范围广、人员伤亡多、灾害损失重。

表3-1　2021年我国十大自然灾害情况

序号	时间	自然灾害事件	灾害损失
1	2021.7.17—23	河南特大暴雨灾害	全省16市150个县（市、区）1478.6万人受灾，因灾死亡和失踪398人，紧急转移安置149万人；倒塌房屋3.9万间，不同程度损坏78.7万间；农作物受灾面积873.5千公顷；直接经济损失1200.6亿元
2	2021年入秋后	黄河中下游严重秋汛	4省32市232个县（市、区）666.8万人受灾，因灾死亡和失踪41人，紧急转移安置46.7万人；倒塌房屋4.6万间，不同程度损坏17.5万间；农作物受灾面积498.6千公顷；直接经济损失153.4亿元

续表

序号	时间	自然灾害事件	灾害损失
3	2021.7.10—23	山西暴雨洪涝灾害	10市47个县（市、区）61.2万人受灾，因灾死亡失踪35人，紧急转移安置7.4万人；倒塌房屋2.1万间，不同程度损坏5.7万间；农作物受灾面积51千公顷；直接经济损失82.8亿元
4	2021.8.8—15	湖北暴雨洪涝灾害	11市（州）58个县（市、区）和神农架林区158万人受灾，因灾死亡28人，紧急转移安置5.7万人；倒塌房屋1100余间，不同程度损坏1.7万间；农作物受灾面积126.5千公顷；直接经济损失31.2亿元
5	2021.4.30	江苏南通等地风雹灾害	8市36个县（市、区）2.7万人受灾，因灾死亡失踪28人，紧急转移安置3100余人；倒塌房屋397间，不同程度损坏1.3万间；农作物受灾面积11千公顷；直接经济损失1.6亿元
6	2021.8.19—25	陕西暴雨洪涝灾害	9市49个县（市、区）107.2万人受灾，因灾死亡失踪21人，紧急转移安置9.9万人；倒塌房屋2700余间，不同程度损坏2.4万间；农作物受灾面积26.6千公顷；直接经济损失91.8亿元
7	2021.11.4—9	东北华北局地雪灾	9省（区、市）35.1万人受灾，因灾死亡7人（建筑物、树木倒压所致），农作物受灾面积19.3千公顷，大量农业大棚、牲畜棚舍、简易工业厂房倒损，直接经济损失69.4亿元
8	2021.5.21	云南漾濞6.4级地震	2市（州）13个县（市）16.5万人受灾，因灾死亡3人，紧急转移安置2.8万人，倒塌房屋1854间，严重损坏1.9万间，一般损坏7.5万间，交通、道路、市政、教育等设施不同程度受损，直接经济损失33.2亿元

续表

序号	时　　间	自然灾害事件	灾　害　损　失
9	2021.7.25	2021年第6号台风"烟花"	8省（区、市）40市230个县（市、区、旗）482万人受灾，紧急转移安置143万人；倒塌房屋500余间，不同程度损坏8300余间；农作物受灾面积358.2千公顷；直接经济损失132亿元
10	2021.5.22	青海玛多7.4级地震	2州7个县11.3万人受灾，19人受伤，紧急转移安置10.8万人；倒塌房屋1039间，严重损坏7600余间，一般损坏5万间，部分道路、桥梁等基础设施损毁；直接经济损失41亿元

数据来源：应急管理部，2022.4。

三、自然灾害风险普查是防灾减灾救灾的基础

近几年，我国每年安排自然灾害救助资金50多亿元，平均每年救助受灾群众6000～8000万人次，但灾害救助过程中遇到一些亟待解决的问题，如灾害救助准备措施不足、应急响应机制不完善、救灾能力不清晰等。为对全国各地自然灾害风险进行全面摸底，2020年，国务院办公厅下发了《关于开展第一次全国自然灾害综合风险普查的通知》，定于2020年至2022年开展第一次全国自然灾害综合风险普查工作，并成立国务院第一次全国自然灾害综合风险普查领导小组，办公室设在应急管理部，承担领导小组的日常工作。2021年，李克强总理对防灾减灾救灾、防震减灾和自然灾害综合风险普查工作做出重要批示，我国自然灾害多发频发，提高防灾减灾救灾能力至关重要，开展全国自然灾害综合风险普查是重要的基础性工程。

此次普查是我国首次开展的覆盖"全国－省－市－县－乡镇－社区村－家户"的综合防灾减灾救灾能力调查评估。评估内容除评估自然灾害风险等级外，还包括各地政府、社会和基层的防灾减灾救灾能力。其中政府能力体现在自然灾害管理队伍状况、主要自然灾害防治工程情况、应急救援专业力量、应急物资保障能力等方面；社会能力体现在动

员社会组织和社会力量,以及能够调动的相关企业参与防灾减灾救灾的情况;基层的能力体现在乡镇和社区自然灾害管理队伍、物资保障、应急处置能力,以及居民的自然灾害风险意识和自救互救能力等方面。

第二节 发展特点

一、各地加快提升自然灾害防治能力

《"十四五"国家应急体系规划》提出实施自然灾害防治九项重点工程,各地也纷纷开展自然灾害防治能力提升工程。2021年,浙江省委办公厅、省政府办公厅印发《浙江省自然灾害防治能力提升行动实施方案》,明确实施地质生态修复、自然灾害监测预警信息化、防汛抗旱水利提升等九项重点工程,旨在防范化解重大自然灾害,全面提升自然灾害防治能力。2022年4月7日,湖北省减灾委员会、自然灾害防治工作联席会、自然灾害综合风险普查领导小组部署全省自然灾害防治和自然灾害综合风险普查工作,通过《湖北省自然灾害防治8项重点工程统筹联络工作制度(试行)》,提出开展灾害风险调查和重点隐患排查工程、重点生态功能区生态修复工程、地震易发区房屋设施加固工程、防汛抗旱水利提升工程、地质灾害综合治理和避险移民搬迁工程、应急救援中心建设工程、自然灾害监测预警信息化工程、自然灾害防治技术装备现代化工程。

二、灾害防治救援技术和装备将加快升级换代

专业高效的灾害防治技术和装备对于应对自然灾害具有重要作用。近些年越来越多的高端装备被应用到灾害救援和灾后处置中。2021年5月19日举办的"2021长沙国际工程机械展览会"上,自然灾害防治技术装备创新成果作为单独的专业板块受到广泛关注,森林防火隔离带开辟车、泥石流滑坡监测预警系统、应急架桥车、北斗高精度地灾监测预警系统等先进装备展出。在2021年7月河南特大暴雨洪水灾害中,"基于大数据分析的智能精细预报关键技术""城镇地下供水和排水管道安全防护技术"等先进技术成果得到快速应用,为抗洪救灾提供了科技支

撑。未来，按照《"十四五"国家应急体系规划》和《"十四五"国家消防工作规划》的部署，将结合自然灾害防治现代化工程，加强城市排涝、抗洪抢险、地下空间救援和森林灭火专业装备建设，在重点地区配备先进适用关键装备，并加强新型通信装备研发配备，为地震带沿线地区"轻骑兵"前突小队和志愿消防速报员队伍配备专业适用通信装备；还将率先在自然灾害高发地区及有条件的地区建设航空救援专业力量，加强现有航空力量建设，增加森林航空消防机源和数量。此外，在交通枢纽城市、人口密集区域、易发生重特大自然灾害区域还将建设7个综合性国际储备基地，满足大灾巨灾应急物资需要。

三、信息技术将在自然灾害防治领域发挥更大作用

信息技术的应用对于提升我国自然灾害防治救援处置科学化、智能化、精细化水平具有关键作用。目前，我国已经建设了国家灾情监测系统和灾害应急响应系统，各地也结合防灾实际需求建设了相应的信息系统。但自然灾害应急是一个复杂的、系统化的问题，总体来看，我国灾害防治领域的科技信息化总体水平仍较低，风险提前感知识别、预警发布能力仍欠缺。如何充分利用信息技术的先进成果，研发融合物联网、遥感、第五代移动通信技术、大数据等技术的监测预警产品，对于通过科技创新持续提升自然灾害，特别是巨灾的防治水平，支撑筑牢灾害防治网络至关重要。

第四章

事故灾难领域

事故灾难主要包括工矿商贸等企业的生产安全事故，铁路、公路、民航、水运等交通运输事故，城市水、电、气、热等公共设施、设备事故，核与辐射事故，环境污染与生态破坏事故等。当前，由于我国经济发展所处的特定阶段，生产安全事故频繁发生。

第一节 基本情况

一、安全生产面临的新机遇与新挑战

当前，工业安全生产工作面临许多有利条件和发展机遇。一是国家对安全发展、应急管理工作高度重视，不断完善顶层设计，相关法律法规、标准、政策陆续出台实施，为产业发展提供了有力的制度支撑。二是人民群众日益增强的安全愿望，全社会对安全生产的高度关注，为推动安全生产工作提供了巨大动力和能量，市场需求持续扩大，为产业发展提供了稳定的市场支撑。三是经济社会发展提质增效、产业结构优化升级、科技快速创新发展，将加快淘汰落后工艺、技术、装备和产能，有利于降低安全风险，提高本质安全水平。例如，2021年新修订的《中华人民共和国安全生产法》规定，矿山、危险化学品、建筑施工、交通运输、金属冶炼、烟花爆竹、民用爆炸物品、渔业生产八大高危行业必须投保安全生产责任保险；餐饮等使用燃气的生产经营单位须安装可燃气体报警装置。

但现阶段，我国仍处于工业化、城镇化、现代化的发展过程中，安

全生产领域积累了不少问题，又面临许多挑战。一是经济社会发展、城乡发展和区域发展不均衡，社会治理结构不健全，安全生产工作体制机制不完善，全社会科学意识、安全意识、法制意识不强等深层次问题没有得到根本改变。二是人民群众日益增长的安全愿望与突发时发的工业安全生产事故之间、快速扩大的工业生产规模与较薄弱的安全生产基础条件之间的矛盾仍较突出。三是新工艺、新材料、新技术广泛应用，新业态大量涌现，生产、建设、经营和社会性活动的规模不断扩大，致使技术性与非技术性事故因素聚合，复合型事故有所增多。特别是随着生产工艺的系统化和复杂化，一旦发生事故，其危害程度和伤亡损失都比传统工业的更大、更严重。

二、安全生产形势依然较为严峻

当前，我国正处于工业化、城镇化快速发展时期，各种传统的和非传统的、自然的和社会的风险矛盾交织并存，安全生产事故在总量减少的同时出现重特大事故反弹的现象，说明了安全生产工作的复杂性、长期性和偶然性。当前，全国安全生产形势保持了总体平稳，事故起数和死亡人数连续多年持续下降。据统计，2021年全国的事故死亡人数是2.55万人，同比下降了5.9%，连续第二年未发生特别重大事故，是中华人民共和国成立以来最长的间隔期。

但要清醒地看到，当前安全生产仍处于爬坡过坎的艰难阶段，各类事故隐患和安全风险交织叠加。特别是2021年以来，受世纪疫情和复杂外部环境冲击等因素影响，燃气、煤矿、交通、建筑等方面安全事故多发，造成重大人员伤亡和财产损失。据中国城市燃气协会安全管理委员会数据，仅2021年上半年，国内就发生燃气事故544起，与2020年全年发生的548起燃气事故基本持平，安全形势严峻。在这些事故中，居民用户事故305起，其他用户事故89起，管网事故146起，场站事故4起，居民用户端仍然是事故的主要源头。

三、事故灾难主要由人为原因导致

根据世界上其他国家工业化历程经验，人均GDP处于一千至三千美元阶段是安全事故的易发期。从经济发展阶段来看，我国尚处于安全事故易发期。回顾 2021 年事故灾难来看,发生事故的主要原因多为工作人员操作不当、设施设备老化、违规改建等。比如,针对 2019 年江苏响水"3·21"爆炸后,化工产业从东部地区向中西部转移步伐明显加快,但一些地区安全把关不严,危化品事故明显增多;2022 年贵州"1·3"建筑滑坡等事故,暴露出重大项目"边审批、边设计、边施工"等问题;近期交通、建筑、矿山等领域事故,则暴露出违法分包转包、挂靠资质等违法行为和劳务派遣、灵活用工等安全管理漏洞。

2021 年全国生产安全事故十大典型案例,见表 4-1。

表 4-1　2021 年全国生产安全事故十大典型案例

时间	具体事故
1月10日	山东五彩龙投资有限公司栖霞市笏山金矿发生爆炸事故,造成11人死亡,直接经济损失6847.33万元
4月21日	黑龙江省绥化市安达市黑龙江凯伦达科技有限公司在三车间制气釜停工检修过程中发生中毒窒息事故,造成4人死亡、9人中毒受伤,直接经济损失873万元
6月13日	湖北省十堰市张湾区艳湖社区集贸市场发生燃气爆炸事故,造成26人死亡,138人受伤,其中重伤37人,直接经济损失约5395.41万元
6月13日	四川省成都市大邑县四川邑丰食品有限公司污水处理站发生一起有限空间中毒和窒息事故,造成6人死亡,直接经济损失542万元
6月25日	河南省商丘市柘城县震兴武馆发生火灾事故,造成18人死亡、11人受伤,直接经济损失2153.7万元
7月12日	江苏省苏州市吴江区四季开源酒店辅房发生坍塌事故,造成17人死亡、5人受伤,直接经济损失约2615万元
7月15日	广东省珠海市香洲区兴业快线石景山隧道右线施工过程中,掌子面拱顶坍塌,诱发透水事故,造成14人死亡,直接经济损失3678.677万元
7月24日	吉林省长春市净月高新技术产业开发区李氏婚纱梦想城发生火灾事故,造成15人死亡、25人受伤,过火面积$6200m^2$,直接经济损失3700余万元
7月26日	G22青兰高速公路甘肃平凉泾川段发生一起大客车失控冲出路面侧翻的道路交通事故,造成13人死亡、44人受伤,直接经济损失2100余万元
8月14日	青海省海北州西海煤炭开发有限责任公司柴达尔煤矿发生顶板抽冒导致溃砂溃泥事故,造成20人死亡,直接经济损失5391.02万元

第二节 发展特点

一、信息技术赋能，精准治理重大安全风险

伴随人工智能、物联网、云计算、区块链等领域的革命性突破，安全应急技术、产品、服务模式呈现持续创新和快速更迭的态势。针对城市建设、危旧房屋、燃气管线、地下管廊等重点隐患和煤矿、非煤矿山、危化品、烟花爆竹、交通运输等重点行业的安全需要，高危场所作业机器人、超高层消防装备、主被动一体化智能汽车安全产品、灾害监测预警、城市安全智慧云平台等一大批先进安全技术与产品争相涌现。依靠科技进步，使重大安全风险评估更加科学，应急准备更加充分，监测预警更加精准，处置救援更加有效。例如，包钢集团白云鄂博东矿区将传统矿用运输车与5G相结合，形成全球首个无人驾驶矿车应用，实现矿区生产运输的无人化，最大程度减少工程现场作业人员数量，有效确保人员安全。

二、新兴产业的安全发展亟待关注

新兴产业的发展，对我国安全生产工作提出了新要求。安全是新兴产业发展的生命线。如新能源汽车产业，锂电池引发火灾甚至爆炸的报道屡见不鲜。据统计，2021年实施新能源汽车召回59次，涉及车辆83万辆，召回次数和召回数量比去年增长了31.1%和75.9%。"三电"系统是问题高发区，反映动力电池、电机、电控系统问题占新能源汽车缺陷线索的52.5%。此外，电动自行车锂电池的安全事故频发。据应急管理部消防救援局统计，2013—2017年间全国共发生电动自行车火灾1万余起，而随着电动自行车锂电化渗透率快速攀升，仅2021年当年就发生电动自行车火灾1万多起，其中，80%的电动自行车火灾发生在充电过程中。提高锂电池的安全性，对于促进我国新能源产业的发展有重要意义。

三、工业安全生产法规和标准化工作急需加强

我国工业安全生产标准制订工作取得了长足发展，但仍不够完善，缺乏统一性。一是工业行业安全生产标准管理范围和起草渠道依然不够畅通，部委、协会和行业之间的沟通协调存在空白。二是新安全生产法中相关的配套细则和政策措施急需落实到位，在国家规划、各项法律法规以及安全标准的框架下规范、有序发展。例如，我国建筑安全用智能集成平台等装备没有统一的规范和标准。此外，我国尚未建立完整规范的安全应急产品和服务的标志标识标准，企业仍然按照各自规定的标志标识进行生产，导致安全应急产品无法实现通用。

第五章 公共卫生领域

第一节 基本情况

2020年新冠肺炎疫情在全球暴发，我国依托强大的综合国力，上下紧急联动、精准施策，开展全方位的物资保障和资源运动战役。全面贯彻习近平总书记重要指示，健全国家公共卫生应急管理体系，健全统一的应急物资保障体系，把应急物资保障作为国家应急管理体系建设。"十四五"期间，我国要从丰富品种、优化布局、增加数量三个方面着手，继续强化应急物资保障能力建设，提升应急物资保障水平，以满足特别重大自然灾害以及突发公共卫生灾害对应急物资的需求。

新冠肺炎疫情防控是一场应急物资保障的遭遇战。疫情初期，由于口罩、防护服等未被纳入我国国家医药储备重点物资，在短期内出现供需紧张。但我国有关部门及时深入贯彻落实习近平总书记有关疫情防控的重要讲话精神，综合运用财税政策，科学统筹调配，多措并举，对生产医用防护物资的企业进行全力支持。各级政府及相关部门遵从"一企一策"的要求，保障了医用物资的稳定供应。

2021年，新冠肺炎疫情对我国安全应急产业发展来说，机遇与挑战并存。经过2020年抗击新冠肺炎疫情遭遇战，我国应急医疗物资的相关产业有了快速发展，保障了我国抗击疫情的需要，也带动了应急医疗产业链的完善。受疫情影响，以防护服、防护口罩、疫苗等为代表的应急物资成为保障人民安全和健康的"刚需品"，市场需求量急速提升，医疗卫生物资短缺成为社会关注的热点问题。此外，高端医疗设备配置明显不足。我国急需以此为契机,优化应急物资储备布局、丰富应急物资储备品种、增强地方应急物资保障能力、提升应急物资保障信息化水平。

一、医用防护产品产业链概况

疫情期间的调度物资,根据国家工信部、发改委印发的有关文件主要包括六大类产品,分别为医疗防护用品、医疗药品、消杀用品、医疗器械、检测仪器、专用车辆,涉及化学工业、纺织工业、机械制造业、冶金业、电子等多个基础工业门类,囊括原材料、厂房、设备、资金、准入许可、人力、生产周期七大要素。本章主要围绕医用防护产品的产业链发展现状进行分析。防疫应急物资产业链图谱,如图 5-1 所示。

防疫应急物资产业链			
原材料/元器件	零部件	成品	后端应用
金属材料	医用传输装置	医用防护产品	医院
非金属材料	医用放射装置	医疗设备	医疗机构
化工原料	医用电机	医用运输车	家庭用户
电子元器件	医用传感器	消毒产品	医疗物资储备机构
生物制品材料	医用成像装置	体外诊断产品	
其他原材料/元器件	汽车底盘	治疗药品	
	非织造布		
	其他零部件		

图 5-1 防疫应急物资产业链图谱
(数据来源:根据公开资料整理,2022.04)

医用防护用品的产业链由"原材料及生产设备—生产制造—销售流通"三个环节组成。其中,上游原材料主要包括碳酸纤维等复合材料和聚酯、聚丙烯纤维等有机高分子材料,熔喷无纺布、SMS 复合非织造布、微孔薄膜、鼻梁条、耳带材料等零部件,口罩打片机、口罩带点焊机、口罩包装机;中游成品生产制造主要包括口罩制造商、防护服生产企业，下游销售流通包括批发商、零售商、药店、医院及线上平台。目前我国医用防护产品能够实现全产业链自主可控，在原材料及生产设备环节，我国拥有泰达控股、欣龙控股、丽洋新材料、斯凯瑞、宏祥机械、恒天重工等优秀供应商，在生产制造环节，我国的三奇医保、振德医疗、瑞康医用耗材、稳健医疗、仙桃盛美工贸、河南亚都实业、南海康得福等处于业内领先地位。从区域布局来看，原材料生产主要集中于长三角地区，以山东和江苏的企业分布最多；生产制造企业以华中地区较为集中，河南是口罩机医用防护服生产企业的主要聚集区。

二、重点医用防护物资

我国已经成为全球最大医用防护产品的生产国和出口国。随着疫情防控常态化，医护人员和人民群众对防疫物资的需求有所降低，进出口贸易逐渐平稳。2021年，我国口罩产量约为94亿只，同比增速降低6.93%，总产值达130.27亿元，其中医用口罩产值约为71.33亿元。在出口方面，我国出口的防疫物资主要包括口罩、防护服、护目镜、外科手套。其中，2020年1月至2021年12月，我国口罩产品的出口额总体呈现出先扬后抑的态势，于2020年5月到达993亿元的峰值，之后一路滑落至2021年5月的低谷，2021年出口额总计838亿元。

2021年，疫苗在我国抗击新冠肺炎疫情中扮演着重要角色。2021年9月17日，完成新冠病毒疫苗全程接种的人数突破10亿人，2021年11月29日突破11亿人，2021年12月26日突破12亿人；2021年全球生产疫苗约110亿剂，中国占比超过45%。截至2021年年底，我国已向120多个国家包括国际组织提供20亿剂疫苗，占我国以外全球疫苗使用总量的1/3，成为对外输出疫苗最多的国家。

2017—2021年中国口罩产值，见表5-1。

表5-1　2017—2021年中国口罩产值

年　　份	产值（亿元）	增　长　率
2017年	79.1	11.10%
2018年	90.9	14.92%

续表

年　份	产值（亿元）	增　长　率
2019 年	102.4	12.65%
2020 年	115.5	12.79%
2021 年	130.3	12.81%

数据来源：根据公开资料整理，2022.04。

（一）医用口罩

作为疫情保障物资中的重点产品，医用口罩的需求稳定增长。医用口罩是一种卫生用品，用于阻挡有害气体、飞沫、分泌物、有害气味、血液等进出所佩戴者的口鼻。医用口罩根据功能特点不同，可以划分为医用外科口罩、普通医用口罩、医用防护口罩等，企业只有在获取相关医疗器械注册证后才可生产医用口罩。医用口罩的产业链上游主要包括 PP 无纺布、熔喷布、鼻梁条、耳带材料等原材料，以及口罩打片机、口罩带点焊机、口罩包装机等设备。其中，熔喷无纺布的产能成为保障医用口罩供给的重要因素。医用口罩产品分类见表 5-2。

表 5-2　医用口罩产品分类

分　类	功　能　特　点
普通医用口罩	可在普通环境下用于一次性卫生护理，对微生物以外的致病性颗粒，如花粉等，起到防护和阻隔的作用
医用外科口罩	安全系数相对较高，可在有血液、体液飞溅的环境中使用。对于颗粒的过滤相对较弱，对病毒及细菌防护作用较强
医用防护口罩	可在有呼吸道传染疾病风险的环境中使用，能够过滤空气中的微粒，对飞沫、体液、血液、分泌物等污染物起到阻隔作用，对非油性隔离的过滤可达到 95% 以上的效率

数据来源：根据公开资料整理，2022.04。

经过驻极处理的熔喷无纺布是医用口罩阻挡病毒的关键所在。由原有生产的聚丙烯作为熔喷无纺布的原材料，在行业扩产后处于供过于求的阶段。2021 年中国聚丙烯产能达 3590 万吨，较 2020 年增长 10.01%，新增 330 万吨生产能力，"十四五"期间我国聚丙烯产能将转为绝对过剩，但对聚丙烯高端料的进口依存度依然较高。原材料中的熔喷布产量受市场需求下降、限电限产及能耗双控等政策影响，生产总体保持稳定，2021年非织造布产量达到820.5万吨，同比下降6.6%。我国虽然已成为世界上最大的口罩生产国，但依然存在技术瓶颈，如熔喷布设备中的喷丝板和喷丝喷头仍与国外厂商存在较大差距，多由德国和日本进口，我国缺乏提供熔喷布成套生产设备以及关键零部件的厂商。我国医用口罩产业链总体呈现出"两头强、中间弱"的特点。

从地域来看，我国持有医疗器械注册证的医用口罩生产企业主要分布于河南省、江苏省、江西省、湖北省、广东省以及山东省，六省总共占比逾七成。截至2020年10月，我国已拥有相关企业2482家，2021年企业注册数量不降反升，广泛分布于东南沿海地区，以中小企业为主。

（二）医用防护服

医用防护服可有效隔离有害超细粉尘、病菌、盐溶液、酸性溶液，可以抵抗多种酸碱腐蚀和有机溶剂，同时具备较高的耐冲击性，为医务人员以及进入特定医药卫生领域的人群提供有效防护。防护服上游产业链主要为高熔指纤维聚丙烯等原材料、SMS非织造布、水刺无纺布等产品，中游为防护服制造商，下游是医院、实验室、研究所等应用场所。目前常见的医用防护服主要分为五种，分别是聚酯纤维与木浆复合的水刺布、聚丙烯防粘布、高聚物涂层织物、聚丙烯纺粘-熔喷-防粘复合非织造布、聚乙烯透气膜/非织造布复合布。医用防护服分类见表5-3。

表5-3 医用防护服分类

分　类	特　点
聚酯纤维与木浆符合的水刺布	经抗酒精、抗血、抗油和抗静电、抗菌等处理，利用γ射线进行消毒但其抗静水压也相对较低，对病毒粒子阻隔效率较差
聚丙烯防粘布	一次性使用大幅减少感染，但材料存在抗静水压较低，对病毒阻隔效率较差等短板，只能用于制作无菌外科手术服、消毒包布等普通防护用品
高聚物涂层织物	涂层种类多而杂，包含有聚乙烯，聚氯丁橡胶、聚氯乙烯和其他种类合成橡胶，阻隔细菌粒子的性能很强，且可重复使用，但其透湿性能较差，一次性使用成本高

续表

分 类	特 点
聚丙烯纺粘-熔喷-防粘复合非织造布	经三抗（抗酒精、抗血、抗油）和抗静电、抗菌、抗老化等处理，抗静水压能力强，透气，过滤效果佳，耐酸碱，是良好的防护服材料
聚乙烯透气膜/非织造布复合布	能有效阻隔细菌粒子穿透和液体渗透，并能经受消毒处理，且不含有毒成分，性价比占优，用其制成的医用一次性防护服可有效地保护医务人员免遭污染源污染，避免交叉感染，防护效果明显

数据来源：根据公开资料整理，2022.04。

作为医用防护服的重要原材料，我国聚丙烯的产能在 2021 年仍处于扩增周期。截至 2021 年年底，聚丙烯产能达 3590 万吨，同比增长 10.06%。国内市场缺口缩小到 400 万吨，出口量达到 130 万吨。但聚丙烯行业受困于大而不强，对高端料如无规共聚聚丙烯、三元共聚膜等的进口依存度偏高。聚乙烯方面，2021 年国内生产规模达到 2773 万吨，主要供应省市集中于浙江、陕西、辽宁、广东、山东等，主要供应企业包括浙江石化、独山子石化、中海油壳牌、茂名石化等。截至 2022 年 4 月，我国已成为全球聚乙烯产能最大的国家，总产能达 2918 万吨左右，占全球总产能 21%。但我国的高性能无纺布在过滤效率和透湿性方面的技术仍与国外存在差距，同时压条机在紧急状态下的产能不足问题仍需重视。

2010—2021 年国内聚丙烯生产能力统计，如图 5-2 所示。

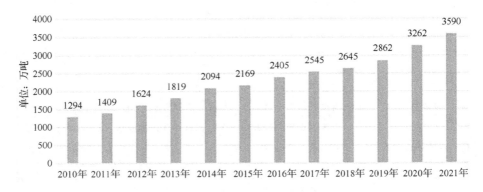

图 5-2　2010—2021 年国内聚丙烯生产能力统计
（数据来源：根据公开资料整理，2022.04）

第二节　发展特点

一、政策助力产业提速发展

2022 年，国务院印发《"十四五"国家应急体系规划》，着重提出提升应急物资产能保障功能。鼓励扶持引导重点应急物资产能储备的企业有规划地进行扩能，持续完善应急物资产业链。疫情期间，国务院联防联控机制加大对重点医用物资生产企业以及原材料企业的财税支持力度。同时，财政部向各省、市、自治区分配应急物资保障体系建设资金，对国有及民营企业增强应急转产能力和开展产能备份建设提供支持；统筹整合现有的储备资源，完善充实政府专用的应急储备品种规模；形成可持续的公共卫生应急物资供给能力。完成进一步支持应急物资产能备份建设、应急物资政府储备、强化医疗物资和装备应急转产能力建设的三个重点任务。

二、技术改造赋能转型升级

医疗物资生产企业不断加大研发投入，推动工艺流程改进和产品质量提高。

一是产品结构升级，关键技术有所突破。如性能超过医用外科口罩核心指标的全生物降解口罩、N99 防护级别纳米口罩等高性能产品。

二是生产企业通过改进生产工艺，加大投资力度，对生产线进行智能化改造等手段，提升了生产效率及工业水平，提高了复合标准的高端产品产能。

三是企业从主要的产品制造商向"产品+服务"转型，通过智能传感及人机交互等先进技术的广泛应用，促进身体健康管理等新型服务的开发，扩展产品服务市场。

三、产业链应着重"锻长补短"

目前，我国医用防护产业整体呈现"片状"分布，以产业基础雄厚的中东部地区最为集中，涌现了一批在国际中占据较大市场份额的龙头企业。我国原材料制造环节优势明显，现已拥有湖北仙桃、安徽琅琊、浙江天台、河南新乡、广东西樵等生产基地。我国医用防护产品布局依托坚实的纺织、石化、装备工业基础，能够实现产业链的全环节覆盖，但参与国际竞争的制造环节深度和广度仍有较大差距，如劳动密集型的纺纱、加工等制造环节等已经出现产能严重过剩现象，但在产品设计、新材料研发等知识密集环节发展水平依然不高。我国应制定医用防护产品的技术短板清单，通过产业投资基金、公共安全科技专项等多种渠道推动企业加大对共性关键技术的研发投入。

第六章

社会安全领域

社会安全事件是我国规定的突发事件四大类型中的一种,安全应急产业的社会安全领域部分是为应对社会安全事件提供产品、技术和服务保障的关键性产业。在安全应急产业内容中,安防产业是社会安全领域的主要组成部分,产业提供的技术装备和服务能够覆盖社会安全领域的主要保障内容。为提升我国社会安全保障能力,进一步加强新技术、新模式在社会安全领域中的应用,结合新一代信息技术等新技术、新业态,各地陆续实现智慧城市、平安城市、雪亮工程、天网工程等社会安全基础设施建设,为我国持续提升社会安全保障能力、推进产业数字化、智能化发展提供了有利契机。

第一节 基本情况

一、保障社会安全任重道远

依靠安全应急产业保障社会安全工作的顺利开展,是维护社会稳定、保障经济平稳发展的必经之路。影响社会安全形势的因素庞多纷杂,一方面,近年来新冠肺炎疫情导致的经济放缓造成了我国城镇居民失业率提升,对我国社会安全形势带来了不利影响;另一方面,城市安防技术的快速发展和普及提升了城市总体安全形势,结合居民支付模式的电子化,二者共同促使犯罪形式随之改变。

2016—2021年我国城镇登记失业率,如图6-1所示。

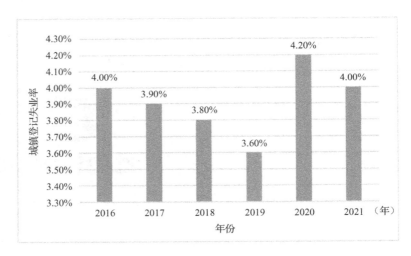

图 6-1　2016—2021 年我国城镇登记失业率
（数据来源：国家统计局，2022.04）

2020 年我国总体社会安全形势有所好转。国家统计局公布的数据表明，2020 年我国人民检察院批捕、决定逮捕犯罪嫌疑人数量处于 2015 年以来的最低值，其中人民检察院批捕、决定逮捕犯罪嫌疑人的妨害社会管理秩序案人数占比最高，占全部人数的 39%，是 2015 年以来的最高值；侵犯财产案人数次之，占全部人数的 32%；侵犯公民人身、民主权利案人数位列第三，占全部人数的 14%；破坏社会主义市场经济秩序案人数位列第四，占全部人数的 8.8%；危害公共安全案人数位列第五，占全部人数的 4.5%。除贪污贿赂案人数有所上升外，其他类型案件人数均较 2019 年大幅下降。社会安全的稳步提升为经济发展提供了良好环境，也为安全应急产业社会安全领域的持续发展提供了经验借鉴。

2016—2020 年我国人民检察院批捕、决定逮捕犯罪嫌疑人情况，如图 6-2 所示。

二、"十四五"国家政策加快社会安全领域发展

2021 年是"十四五"开局之年，我国各级、各地陆续推出了一系列"十四五"规划指导社会安全领域发展。《中华人民共和国国民经济和社会发展第十四个五年规划和 2035 年远景目标纲要》（简称"十四五"

规划纲要）第十五篇"统筹发展和安全 建设更高水平的平安中国"提出，要全面提高公共安全保障能力，维护社会稳定和安全，提高社会治安立体化、法治化、专业化、智能化水平，编织全方位、立体化、智能化社会安全网。

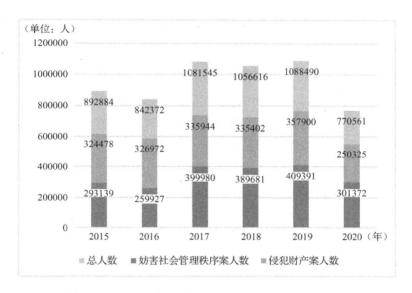

图 6-2　2016—2020 年我国人民检察院批捕、决定逮捕犯罪嫌疑人情况
（数据来源：国家统计局，2022.04）

在"十四五"规划纲要的指导下，各级、各地发布了系列政策支持社会安全领域的保障能力提升和智能化发展。《国务院关于印发"十四五"国家应急体系规划的通知》（国发〔2021〕36 号）指出，要编制城市安全风险评估、重大风险评估和情景构建等相关技术标准，全面开展城市安全风险评估，努力建成危险化学品、城市安全等重大事故防控技术支撑基地，建设城市安全与应急、应急医学救援等多个领域的国家级实验室和部级实验室。《工业和信息化部关于印发"十四五"大数据产业发展规划的通知》（工信部规〔2021〕179 号）提出，要开展行业大数据开发利用行动，加快开发应急管理大数据、公安大数据、交通大数据、电力大数据、城市安全大数据等事关社会稳定发展、人民生活安全的大数据，从而监控城市安全风险、维护城市安全运营。《辽宁省"十四五"应急体系发展规划》提出，要壮大安全应急产业，实施多灾种安全运行智能指挥中心建设工程、智慧应急管理信息化建设工程和应急安全教育体验馆建设工程，提升社会安全应急能力和群众意识水平。《安徽省"十四五"安全生产规划》提出，要全面推广城市生命线安全工程"合肥模式"，加快建设国家安全发展示范城市；要进一步强化风险监测预警，优化城市安全格局，有效防控重大安全风险，以"平安安徽""智慧城市""城市更新"建设为核心，实施安全风险综合防范工程；要推进安全信息化建设，汇聚消防安全、交通运输、城市生命线、大型综合体等城市风险感知数据，加快完善城市安全风险监测预警公共信息系统；要提高全民安全素质，加强宣传教育、建设具有城市特色的安全文化教育体验基地与场馆，提升居民社会安全意识。

第二节　发展特点

一、智慧城市发展态势蓬勃

智慧城市是我国社会安全领域发展前沿。凭借新一代信息技术和广域互联模式，智慧城市承担了维护城市运行及社会安全稳定的平台功能，是提升城市安全发展能力、促进城市产业转型升级的重要工具。智慧城市的数字化、智能化发展趋势，促使通信服务技术雄厚的解决方案提供商蓬勃发展。海康威视、华为、中国平安等安防、通信、金融行业龙头企业深耕智慧城市解决方案，分别提出了智慧消防物联网远程监控系统、智慧城市时空大数据与云平台、"1+7+C"智慧交通一体化管理平台等产品。其中，海康威视作为智慧城市领域龙头企业，2020 年和 2021 年营业总收入分别达到 635.03 亿元和 813.01 亿元，增长态势迅猛。

在政策领域，我国在《中华人民共和国国民经济和社会发展第十四个五年规划和 2035 年远景目标纲要》中明确提出，要建设智慧城市和数字乡村，并从公共基础设施建设、平台运行和管理、数字孪生城市和数字乡村建设等方面提出了发展方向。2020 年，我国多地提出了建设智慧城市的相关方案或指导意见：2月，上海制定了《关于进一步加快智慧城市建设的若干意见》，提出要完善"城市大脑"架构、推进政务

第六章 社会安全领域

服务"一网通办"、推进城市运行"一网统管"等要求；4月，四川发布了《新型智慧城市建设2020年度工作方案》，明确了推进新型智慧城市建设的任务要求，提出要开展省级新型智慧城市试点示范工作；7月，河南省《关于加快推进新型智慧城市建设的指导意见》明确了河南省加快新型智慧城市建设的基本原则、发展目标、总体架构和重点任务等，指明了发展方向和路径；8月，海南省发布了《智慧海南总体方案（2020—2025年）》，提出要加快推进智慧海南建设，提出了总体要求、发展目标、重点任务、保障措施等内容；10月，山东省发布了《关于加快推进新型智慧城市建设的指导意见》，强调要优化政务服务、拓展便民应用、推动精细治理等。

二、新型基础设施建设提升社会安全保障能力

新型基础设施建设能够快速提升我国基础设施信息化水平，通过新一代信息技术的广泛推广和深度应用，提升基础设施的数字化、智能化水平，从而为社会安全保障能力的提升提供物质基础。2021年9月22日，国务院常务会议审议通过了"十四五"新型基础设施建设规划，指出要加强信息基础设施建设，稳步发展融合基础设施，推动大学、科研院所和高新技术企业等深度融合，鼓励多元投入、推进开放合作。会议提出要发展泛在协同的物联网、打造多层次工业互联网平台，推动交通、物流、能源、市政等基础设施智慧化改造。

各地加速布局新型基础设施建设。截至2022年2月，全国共有30个省、自治区、直辖市在政府工作报告中明确了新型基础设施建设愿景，其中13个省份提出了5G基站建设计划，数量总计达42.5万余个。贵州省提出，要加快全国一体化算力网络国家（贵州）枢纽节点建设，在四部委批复同意的《全国一体化算力网络国家（贵州）枢纽节点建设方案》指导下开展"东数西算"试点，到2025年累计投资2500亿元建成具有贵州特色的新型基础设施；云南省提出要建设中国面向东南亚辐射中心数字枢纽，提升昆明国际通信出入口局服务能力和物联网接入能力；安徽省提出要创建国家互联网骨干直联点、全国一体化算力网络国家枢纽节点集群；四川也提出到2025年，初步建成集约高效、经济适用、智能绿色、安全可靠的新型基础设施体系，成为经济社会高质量发

展和治理能力现代化的有力支撑。

三、大安防成为社会安全领域未来发展趋势

2020年全国安防产业规模持续增长。在疫情防控需求下，传统安防产业与无人机等新技术融合进一步加速，数字化、智能化安防应用服务模式正促使产业迈入安防产业+无人系统的"大安防"理念前景中。2020年，大安防产业总产值超过万亿元：据深圳市安全防范行业协会、CPS中安网等统计数据显示，2020年全国安防行业总产值为8510亿元，全年增长率为3%，无人机、人工智能机器人和水域无人系统的产值超过1500亿元，使得大安防产业规模超过万亿元。

"大安防"未来发展可期。2022年3月5日，李克强总理在第十三届全国人民代表大会第五次会议上发布的政府工作报告中指出，要加快发展工业互联网，培育壮大集成电路、人工智能等数字产业，提升关键软硬件技术创新和供给能力；要强化网络安全、数据安全和个人信息保护，加强社会治安综合治理，建设更高水平的平安中国；进一步开工改造一批老旧小区；要促进产业数字化转型，发展智慧城市、数字乡村。上述工作部署，为安防产业+无人系统构成的、具有数字化、智能化、无人化特征的"大安防"产业发展提供了良好的政策空间：在产业链上游，报告提出要提升各产业芯片供给能力和软硬件技术供给质量，有利于解决安防产业和无人系统行业上游芯片供给困难的问题；在产业链中游，报告提出要进一步规范个人信息保护能力，促进产业数字化转型；在产业链下游，报告提出要进一步改造老旧小区、建设更高水平的平安中国，对"大安防"的全面铺开提供了市场空间。未来，"大安防"有望进一步促进传统安防产业与无人系统行业深度融合，为推进我国社会安全领域无人化、智能化发展做出应有贡献。

区域篇

第七章

京津冀地区

第一节　整体发展情况

京津冀地区安全应急产业基础雄厚、产值规模大、企业数量多，是全国安全应急产业发展的示范引领区。2015年，首批国家应急产业示范基地7家单位中京津冀就有2家，分别是中关村科技园区丰台园、河北怀安工业园区，2019年第三批国家应急产业示范基地评选河北省唐山开平应急装备产业园入选。通过几年培育发展，京津冀区域安全应急产业增强了自主创新能力，提高产业规模水平，搭建了一批国家应急技术装备研发、应急产品生产和应急服务发展的示范平台，起到示范引领作用，带动区域经济发展。

随着京津冀协同发展不断取得新进展、新突破，安全应急产业迎来新的发展机遇。京津冀三地工信部门携手共进，通力协作，联合主办京津冀应急产业对接活动，2020年9月，由京津冀三地工信部门联合举办了第一届京津冀应急产业对接活动，经过前期沟通商定，三地工信部门签订了《进一步加强应急产业合作备忘录》，2021年京津冀三地工信部门联合主办2021年京津冀应急产业对接活动，推动三地联盟签订了战略合作协议，促进企业、高校、科研院所之间合作不断深化，共同推动"卫星大数据研发中心"等一批京津冀产业合作项目签约落地。新冠肺炎疫情发生以来，京津冀三地启动联防联控工作机制，协同打赢疫情防控阻击战，保证了各类防疫物资生产供应，为京津冀

第七章 京津冀地区

乃至全国疫情防控做出了突出贡献。

第二节 发展特点

一、京津冀协同发力，拓展合作交流领域

协同推进京津冀安全应急产业合作。河北省积极对接京津的高端创新资源，承接安全应急产业转移，构建"京津研发+河北制造"的安全应急产业跨区域协同发展体系。河北省以国家安全应急产业示范基地为依托，加快张家口市怀安、唐山市开平两个国家安全应急产业基地的发展建设，积极推动与中关村科技园区丰台园（救援服务）合作，在安全应急产业链条打造、创新链条协同、安全应急服务、市场培育、国际交流上，打造安全应急产业区域合作新样板、产业协同发展新样板。

一是加强跨区域安全应急管理培训。将跨区域应急处置工作作为安全应急管理培训重要内容，开展各级各类应急管理领导干部、应急管理工作人员及相关人员跨区域应急联动工作培训。

二是构建京津冀安全应急产业跨区域协同发展体系。加强安全应急产业政策引导，充分发挥北京、天津安全应急产业研发、制造优势，不断创新京津冀三地安全应急产业融合发展方式，大力发展京津冀区域安全应急产业。

三是推进京津冀自然灾害联防技术研究。开展京津冀地震灾害、洪水灾害、森林火灾等技术交流，结合各类自然灾害形成机理和风险现状，研究制定灾害防治应对措施，提高三地共同抵御灾害事故能力和水平。

二、政策持续优化，区域集聚发展成效显著

国家近年来出台了一系列文件，以促进安全应急产业发展，将其提升至战略地位。京津冀各省市政府积极响应，通过出台地方性指导文件，鼓励安全应急产业发展。京津两地高校科研院所资源丰富，但是产业发展承载的空间有限，河北省有着充足的产业发展空间和雄厚的生产制造基础，京津冀三方可实现安全应急产业发展优势互补，共同发展壮大安

全应急产业集群。2021年年底，由河北省工业和信息化厅、北京市经济和信息化局、天津市工业和信息化局在河北石家庄联合主办了2021年京津冀应急产业对接活动。这已经是第二届举办此类活动，三地工信部门持续推进首届活动签订的《进一步加强应急产业合作备忘录》，推动三地安全应急产业联盟单位签订了战略合作协议，一批代表性京津冀产业合作示范项目签约落地，初步形成京津冀三地协同发展、互利共赢新局面。三地将继续围绕京津冀安全应急产业协同发展，以安全应急产业示范基地为抓手，加快三地示范基地创新合作、示范引领，河北省积极对接京津的高端创新资源；京津以企业需求为导向，完善产学研合作平台合作机制，推动河北省与京津高校、大院大所、科技服务机构的对接合作；组织实施产业链供应链招商，打通产业链创新链融合发展，在全国创建统一大市场的背景下，积极推动在安全应急装备、重点安全应急产品、综合应急服务、大市场培育、国际合作交流上，打造区域安全应急产业合作新样板。

三、安全应急产业成为京津冀协同发展新亮点

为深入学习贯彻党的十九届六中全会精神和习近平总书记关于安全发展理念的重要指示精神，构建完善的京津冀安全应急产业发展生态，推动建立长期、稳定、可靠的区域应急联动机制，本着信息互通、资源共享、协调有序、优势互补原则，北京市经济和信息化局、天津市工业和信息化局、河北省工业和信息化厅启动了京津冀重点安全应急企业及产品推荐名录编纂工作，遴选102家京津冀三地在应急产业领域具有代表性的重点企业，形成了《京津冀重点安全应急企业及产品推荐名录（2021年版）》，发挥重点企业的带动作用，为安全应急工作提供产业支撑。该名录涵盖监测预警、预防防护、救援处置、应急服务4个安全应急领域，收录102个企业共365种产品与服务，多层面、多角度展示京津冀三地应急企业和产品，为加快培育应急产品市场提供基础服务和信息支撑。积极打造安全应急产业展览展示中心、商贸交易平台、研发科创平台和教育培训基地等，形成高品质的安全应急服务产业集聚区，培育京津冀新的经济增长点。

第三节　典型代表省份——河北省

一、政策支持力度不断加大

在国家相关部委，特别是工业和信息化部的安全应急产业政策推动下，河北省委、省政府高度重视安全应急产业发展，2020年年初，由河北省政府印发《河北省安全应急产业发展规划（2020—2025）》，提出了打造服务京津冀、辐射全国、走向国际的应急产业新高地，以提升安全应急产业整体水平和核心竞争力，培育经济新增长点，增强应急突发事件的产业支撑能力，为不断推动产业集聚，提高创新能力，推进产业融合。河北省安全应急产业发展协调工作小组办公室制定《河北省安全应急产业2021年工作要点》作为工作指南，提出做大安全应急产业规模，推进国家安全应急示范基地提质扩量，积极培育省级安全应急产业示范基地和应急物资生产能力储备基地（集群、企业），认定安全应急产业重点龙头企业。制定《河北省应急物资生产能力储备基地管理办法（试行）》和《河北省安全应急产业示范基地管理办法（试行）》，指导各地科学有序开展省级安全应急产业示范基地建设。

二、产业集聚发展成效显著

一是积极推动规划执行。重点围绕《河北省安全应急产业发展规划（2020—2025）》落地落实，河北省进一步完善政策体系，河北省工信厅出台了《河北省安全应急产业示范基地创建指南（试行）》和《河北省应急物资生产能力储备基地创建指南（试行）》等政策文件，推动设立了河北省应急产业引导基金和省级应急产业专项资金。

二是不断夯实工作基础。积极推动构建产业统计体系，编制《河北省安全应急产业统计体系研究报告》和《河北省安全应急产业分析报告》，摸清目前河北省应急产业基本现状。

三是积极打造产业合作平台。成功举办2021年中国·唐山应急产业大会、两届京津冀应急产业对接活动，积极争取了国家华北区域应急救援中心落户张家口，与中国技术交易所创建了中国技术交易所怀安应急技术交易服务中心，为京津冀三地产业园区、企业搭建对接交流平台。

四是构建安全应急产业发展新格局。推动认定培育 7 家省级安全应急产业示范基地创建单位和 15 家企业为河北省应急物资生产能力储备基地，组织保定国家高新技术产业开发区等 3 个应急产业集聚区申报国家安全应急产业示范基地。

五是形成了"两级带动六地引领多级协同"安全应急产业发展集群。河北省依托唐山、张家口培育形成 2 个国家级产业示范基地，依托保定、石家庄、邢台、秦皇岛、廊坊、邯郸等市高新技术开发区和经济技术园区创建 6 个省级安全应急产业基地发展特色应急装备和服务基地，同时在多地培育 20 个具有"专精特新"特色的安全应急产业集群，"2620"产业发展格局已经初步形成，区域安全应急产业链创新链进一步完善，安全应急产业集聚效果明显，目前 20 个特色集群营业收入超 1300 亿元，超过河北省安全应急产业营业收入的 50%，产业集聚效应初显，河北省安全应急产业"2620"格局步入发展快车道。

三、产业规模质量不断提升

河北省安全应急产业规模不断扩大，产业品类日益丰富，安全应急产业链条初步形成。截至 2021 年年底，河北省安全应急产业规模达到 3000 亿元左右，在巩固提升 2 个国家安全应急示范基地的基础上，又培育认定 6 个省级安全应急产业示范基地和 8~10 家应急物资生产能力储备基地（集群、企业），认定重点龙头企业 30 强，河北省安全应急产业关联规模以上企业达 1100 家，产品共计 3000 余种，涵盖了国家 13 类标志性安全应急产品和服务。在安全应急保障装备和物资生产、储备、供应、配置等方面，从预警、防护、处置到服务各领域，从政府、企业到科研机构，初步形成了安全应急产业链条。

四、产业创新能力不断增强

河北省大力支持安全应急企业与京津高校科研院所开展关键技术联合攻关，组织安全应急产业龙头企业实施一批科技成果转化项目。统筹资源建好一批技术创新中心、实验室等应急技术创新平台。形成了以产业技术研究院为平台，联合产业联盟、园区、基地和企业等主体，按照新型研发机构模式进行运作，突破阻碍科技成果产业化的体制机制障碍，推动河北省高校、13 所、54 所、718 所等驻冀央企应急领域相关的科技成果转化和产业化，加快实现安全应急产业的创新生态，以产业技术研究院为平台开展军民融合技术创新合作和成果转化，同时加大与京津冀协同创新转化力度，加大与国内发达地区、国外先进技术领域的合作，实现安全应急产业创新链和产业链衔接，打造一批安全应急产业试点示范工程，聚焦无人机、5G 通信、人工智能、工业机器人、新材料等技术在安全应急领域的集成应用，打造了多个"产品+服务+保险""产品+服务+融资租赁"等应用新模式，成为工信部安全（应急）装备应用试点示范工程、自然灾害防治技术装备现代化工程及应急管理部应急救援装备相关示范工程。

五、产业龙头企业规模壮大

河北省着力培育一批龙头骨干企业，带动一批特色明显、创新能力强的安全应急产业领域的配套科技型中小企业，推动 150 余家安全应急领域"专精特新"中小企业发展壮大，积极推动申请了一批安全应急领域国家级专精特新"小巨人"企业。在智能救援装备、监测预警装备和产品、工程抢险装备和产品、应急防护装备和产品等特色行业新增规上企业 50 多家，在安全应急产业细分行业涌现出一批优势特色企业。在应急通信、应急装备、防护用品等细分行业涌现出如中国电科第 54 研究所、开诚重工、润泰救援、先河环保、新兴际华 3502 等一批优秀骨干企业，其中远东通信、傲森尔装具、新兴际华 3502 入选首批 30 家国家安全应急产业重点联系企业名单。

六、应急防护能力显著增强

为应对疫情防控需求，河北省防疫物资重点生产企业已达 839 家，产品涵盖负压救护车、防护和消杀用品、检测设备、呼吸机等 20 多个类别，建立了较为完备的防护用品产业链，应急防护能力显著增强。

第八章

长三角地区

第一节 整体发展情况

长三角地区包括上海市、江苏省、浙江省、安徽省，共 41 个城市。长三角地区产业基础良好、经济发达、市场化程度较高，是我国安全应急产业最为聚集的地区。江苏省在高端个体防护装备、建筑安全装备、交通安全设备、危化品安全应急装备及安全应急服务等领域有着较为完善的产业链，并且连续九年举办了安全产业协同创新推进会，为我国安全应急产业的发展注入了新动力。浙江省产业发展环境较好，在新型安全材料、高危场所监测预警产品、电气安全防护防控产品、高端应急救援装备、智慧安全云服务等方面有着较强优势。上海市公共应急安全生产管理任务繁重，以大数据、物联网等高科技技术为支撑的安全应急产业体系正在形成，在应急智能机器人、北斗导航救援系统、城市公共安全应急预警物联网、应急救援装备等领域优势较大。安徽省重点发展高附加值的智慧消防安全装备、交通主被动安全产品、电力安全设备、职业健康防护产品、应急救援装备、安全应急服务等七大智能化安全应急产业。

第二节 发展特点

一、市场敏锐性强，精准对接地方需求

长三角地区凭借优越的地理位置，安全应急产业市场需求旺盛，发

展势头强劲。地方政府加强前瞻部署，精准对接当地的市场需求。为更好地预防和控制事故的发生、减轻事故灾难与自然灾害的危害，政府和企业对安全技术及装备的有效需求也与日增加，这些都是安全应急产业巨大的潜在市场。

例如，江苏省徐州市高新区依托现有工业基础和支柱产业优势，主动对接徐州主导产业之一的工程机械装备制造业，与中国矿业大学等当地科研院所的技术优势相结合，以矿山安全为抓手，最先在国内提出了"感知矿山"的概念，积极打造具有国际影响力的"中国安全谷"，在发展安全应急产业的同时，也赋予了工程机械装备制造产业发展新动能。上海安全应急产业企业对接疫情防控需要，在医疗辅助、城市防控攻坚战中发挥了重大作用。如3M中国紧急调配本地生产的N95口罩等物资驰援全国各地；之江生物、锐翌生物、科华生物旗下天隆科技、裕隆生物、派森诺生物、捷诺生物、思路迪生物等研制并捐赠数万人份新型冠状病毒核酸检测试剂；巨哥电子在上海各人口涌入点人体测温热像仪设备的安装、调试和部署；依图医疗开发"新型冠状病毒性肺炎智能评价系统"上线上海市公共卫生临床中心；云知声打造"疫情防控机器人"，自动采集居民提供的疫情相关信息；烨映电子为全市提供红外传感器芯片、红外测温仪等。

二、创新驱动，抢占安全应急产业发展新高地

近年来，长三角地区面向国家安全应急产业发展的重大需求，集中力量推动创新平台建设、关键技术研发、成果转化应用、科创企业孵化以及产业人才引进培养，加快建立以科研院所和龙头企业为主体、市场为导向、高等院校为支撑，产学研深度融合的技术创新体系和开放、包容、多元的创新生态。

首先，长三角地区依托各类高校院所和产业创新平台，通过科技项目引导和支持，全面建立国家、省、市级研发机构，加快突破行业共性技术和关键核心技术，加速科技成果转化和科创企业孵化培育，建立起以科研院所和龙头企业为主体、市场为导向、高等院校为支撑，"产业链、创新链、资金链、人才链、教育链"深度融合的技术创新体系，推动安全应急产业培育壮大和传统优势产业转型升级，全面塑造创新发展新优势。

其次,长三角地区十分重视传统产业与安全应急产业的创新融合发展。以徐州为例,2018年年初,徐工集团依托先进工程机械领域的技术优势,围绕国内需求旺盛的消防装备市场,建立了徐工消防集团,并投资了安全消防装备生产项目。这被业界认为是徐工集团最成功的转型升级。几年来,集团成功研发了全球领先的100米高空作业平台、直喷80米消防车、60米登高云梯,同时畅销国内外。徐工集团将工程机械产品链向安全应急产业顺势延伸,一直保持快速增长态势。2021年上半年产值已达30亿元,与之配套的260余家零部件供应商也随之受益。

最后,长三角地区十分重视科研投入。近几年,长三角地区安全应急企业研发投入始终占据全国领先位置,2021年投入占营业收入比重超过5%。例如合肥经开区全区各类研发机构总数达434家,2021年企业研发总投入占GDP比重为9.9%,达110亿元,有力推动安全应急领域前沿技术革新。再如上海漕泾河开发区安全应急产业类企业研发费用投入占企业营业收入约5%,高于漕河泾高新技术企业平均水平。

三、安全应急产业集聚度高,释放经济发展新动能

长三角地区安全应急产业集聚度高,带动区域安全应急产业链整体升级。如江苏通过"以强引强""强强互补"促进产业集聚发展。徐州从强链补链出发,先后引进徐工道金、广联科技、八达重工、中矿安华等一批行业带动力强、发展潜力大的优势企业,形成了由徐工集团为龙头,五洋科技等上市企业为推动,宝溢电子、利源科技、优世达无人装备等特色企业为支撑的现代安全应急产业体系。镇江通过龙头企业引领着力打造拥有完整应急医疗产业链的集聚发展区。区内聚集了制造业单项冠军和省级专精特新"小巨人"企业鱼跃医疗、列入全军医学科技"十二五"重点项目的科研企业沥泽生化,全球领先的"蛋白多肽"研发企业福旦生物,拥有多个新药专利的云阳药业等,以及康尚生物医疗、中卫国健医疗、天工新一、福元健康科技、利康医药科技、视准医疗器械、江苏华洪药业、意大利百盛医疗、上海手术器械集团、上海中优医疗集团等多家行业领先企业,产品涉及呼吸机、制氧机、便携式检测仪、新冠肺炎胶体金试剂、医用药品包装、消杀用品、纳米生物医药、中药饮片、天然药物等应急医疗器械与药品。浙江温州在智慧电气安全领域集

中了包括防爆电气、防雷电气、应急电源等众多种类产品，产业链完备，销售网络密布全国，多类产品占全国市场份额的 60% 以上，并出口欧盟、美国、中东、东南亚等国家和地区。

第三节　典型代表省份——江苏省

一、政策支持力度不断加大

江苏省作为全国安全应急产业的排头兵，省政府高度重视安全应急产业发展，多次出台相关政策，从发展思路、科技创新、融资体系等多方面提出促进发展安全应急产业的实施意见。

2021 年 9 月 10 日，《江苏省"十四五"应急管理体系和能力建设规划》发布，其中明确要求"围绕监测预警、预防防护、处置救援等重点方向，推进应急产品标准化、模块化、系列化、特色化发展，推动应急服务专业化、市场化和规模化，形成区域性应急产业链。推广徐州国家安全科技产业园等国家安全产业示范园区做法和经验，鼓励支持有条件的地区创建国家安全应急产业示范基地，引领应急技术装备研发、应急产品生产制造和应急服务发展。"

2021 年 9 月 17 日，《江苏省"十四五"安全生产规划》发布，其中明确指出"支持建设徐州国家级安全产业示范区，鼓励支持有条件的地区创建国家安全应急产业示范基地，培育一批拥有自主知识产权和品牌优势、具有国际竞争力的安全产业骨干企业。按有关规定实施财政补助、税收扶持等优惠政策，引导社会资金投资安全科技创新装备产业，打造全省先进安全装备制造集群。"

各地关于发展安全应急产业的政策措施范围较广。如丹阳开发区在突出土地供给、加大创新创业支持、拓展产业融资渠道和财政支持等，已为安全应急企业调配土地 4000 多亩；为中小企业向上争取资金 2000 多万元、本级科技类资金 1000 多万元、固定资产投入补贴 3.5 亿元，符合入驻条件的安全应急产业创新项目还享受较大力度租金减免。

二、产业集聚发展效果突出

江苏省安全应急产业集聚发展态势良好，2021 年安全应急产业总产值突破了 2500 亿元，年均增长率保持在 6%～8%，除徐州、如东、溧阳等地外，丹阳、泰州、苏州等地也积极发展安全应急产业并在部分领域形成优势。

徐州安全应急产业主要集聚在徐州高新区。徐州高新区依托徐工系安全应急装备和矿大系安全防护装备产业基础，顺应徐州市重点发展集成电路和电子信息产业大势，在安全防护、应急救援、监测预警、安全应急服务四大领域全面发力，安全应急产业规上企业占比达 65%以上，2021 年实现产值 460 多亿元，成为引领高新区高质量发展的第一产业。

如东经开区经过近 30 年的发展，已初步形成了上下游配套，种类比较齐全的产业链，集聚了全县绝大多数的个体防护产品生产企业，成为全球知名的个体防护装备基地。目前，如东经开区拥有安全应急产业企业 100 多家，规上企业 56 家，骨干企业 28 家，68 家企业已形成专业化生产规模。2020 年如东经开区安全应急产业实现销售收入 168.8 亿元，同比增长 12.75%，上缴税收 12.65 亿元，实现经济效益 15.53 亿元。此外，如东经开区在先进安全材料、检测与监控设备、应急救援装备、安全服务等领域也有较强实力。

溧阳经开区的安全应急产业总体规模呈稳定增长趋势，2021 年全区工业产品销售收入达 1176 亿元，安全应急产品销售收入约 220 亿元，占溧阳经开区经济总量 19.5%以上，占溧阳市安全应急产品销售额的 74%。安全应急产业的发展对区域经济的发展起到重要助推作用。目前，溧阳经开区已经在先进安全应急装备制造、应急救援装备制造、专用安全部件制造、先进安全材料等方面具备一定产业基础。

丹阳经济开发区安全应急产业发展动力充沛、特色突出。2018、2019、2020 年，开发区安全应急产业销售收入分别为 195 亿元、223 亿元、258 亿元，近三年安全应急产业销售收入年均增长 15.07%。安全应急产业企业超过 500 家，规上企业超过 100 家，其中应急救援处置类规上企业 32 家，安全防护类 58 家，另有安全应急服务类规上企业 14 家，逐步形成了以紧急医疗救护器械和药品、安防救生产品、车辆专用安全生产装备、个体防护产品、安全材料、环境污染紧急处置产品、抢险救援工具和器材、安全应急服务等多领域协同快速发展的态势。

泰州姜堰经开区安全应急产业集聚发展效果突出，2020 年安全应急产业企业销售收入为 120 亿元，同比增长 11.4%。同时，产业链上下游配套较为完善，在消防装备细分领域，主要涉及消防水带、灭火器等消防器材，高楼灭火无人机、灭火机器人、消防水炮等消防装备，以及安全绳网、防火门、空气呼吸器、防爆电机、船用消防设备等；在紧急医疗救护产品细分领域，主要涉及口罩、防护服、消毒液、医用敷料等医疗器械的生产。另外，已引进应急防护用品及医疗智能装备、医疗自动化装备核心部件研发相关项目，产业配套较为齐全。

苏州高新区充分发挥安全应急产业保障能力，将安全应急产业发展融入支柱产业和新兴产业中。2020 年，苏州高新区安全应急产业年销售收入达 420 亿元，年增长率超过 12%，规上企业数量超过 100 家，涉及《安全应急产业分类指导目录》中的 4 大类、9 中类、19 小类产品，在安全防护、监测预警、应急救援处置、安全应急服务等多个专业领域均有涉及，产业发展态势喜人。

三、科研支撑体系较为完善

物联网技术、传感技术、人工智能等现代技术日新月异，为安全应急产业的发展提供了扎实的技术支持。为确保各类前沿技术迅速转化应用，近年来，江苏省积极推进了安全应急产业科技创新生态体系建设，组织各种科技资源和力量为创新创业提供技术、知识、信息、管理、投融资等服务，找准了产业技术链关键环节。全省安全应急产业市场逐步壮大，已有 8 家企业列入国家级工程机械应急动员定点企业目录、4 家企业列入应急产业重点联系企业目录，各类科研机构遍布全省。中国矿业大学、南京理工大学、南京工业大学、常州大学、江苏大学、淮海工学院等高校设置安全工程专业，每年为江苏培养安全应急专业人才近千人。

江苏省有针对性地组织安全应急产业相关科研院所赴地方开展产学研合作的系列行动，如徐州高新区与吉林大学、浙江大学、华中科技大学、中国矿业大学、北京科技大学五所高校联合成立了安全科技创新联盟，在"5+1科技创新联盟"的基础上，清华大学、北京大学等"985"以及"211"高校也相继加入进来，形成新的"N+1联盟"，致力于安全科技的协同创新和关键技术攻关，形成了形式多样、优势互补的安全应急产业技术研发孵化体系。

四、产业链条较为完善

江苏省的制造业和服务业高度发达，在安全应急产业发展上具有坚实的基础，尤其是在安全应急产品、技术和服务全产业链上的科研机构和企业储备上具有较强实力。全省安全应急产业企业涉及行业广泛，在包括先进安全防护产品、监测预警装备、应急救援装备、各类安全应急服务等全产业链上聚集了一批优势企业，形成了较为完善的产业覆盖面。在矿山、建筑、交通、消防等重点安全领域，聚集了徐工集团、国强镀锌等骨干企业；在产品应用终端环节，聚集了北方信息控制研究院集团、6902、江苏矿业集团、江苏建筑工程集团、交通工程集团等一大批科研院所与规模企业；在安全应急服务环节上，聚集了安元科技、易华录、南京中网卫星通信等企业。完善的产业链条，为其拓展安全应急产业领域、促进产业健康发展奠定了基础。

第九章

粤港澳大湾区

第一节 整体发展情况

粤港澳大湾区包括香港特别行政区、澳门特别行政区和广东省广州市、深圳市、珠海市、佛山市、惠州市、东莞市、中山市、江门市、肇庆市，总面积5.6万平方公里，是我国开放程度最高、经济活力最强的区域之一，在国家发展大局中具有重要战略地位。作为我国经济发展的"领头羊"，粤港澳大湾区在发挥有利区位和改革开放先行优势的同时，多措并举为创新型企业发展铺平道路，助力安全应急产业转型升级，往高端化、技术化方向迈进。大湾区以技术密集、资金密集、人才密集的智能安全应急为主导，以智能制造、大数据、工业互联网及现代服务业为抓手，区域集聚发展成效显著。

经过多年的培育和发展，我国安全应急产业已经形成了"两带一轴"的总体空间格局，即东部发展带、西部崛起带和中部产业连接轴。粤港澳大湾区正处于东部发展带上，发展前景可期。依托珠三角地区，建设安全应急装备制造的技术研发和总部基地，依托粤东粤西粤北地区，建设安全应急装备制造产业集聚区。广州依托广州开发区、黄埔区建设广东省应急科技产业园，重点发展智能安全防护和无人救援产业，研发新型特色智能安全防护产品等。深圳依托中海信创新产业城建设应急产业示范基地，重点发展安防、应急通信等方面应急产品、技术和服务。佛山依托粤港澳大湾区（南海）智能安全产业园，重点围绕信息、生产、消防、交通、建筑、治安六大安全领域，重点引入安全产业平台及项目，加快创建国家安全应急产业示范园区。江门围绕创建国家安全应急产业示范基地的目标，构建安全应急产业园区、应急管理学院、应急科普体验中心、大湾区应急物资储备中心、国家级重点实验室"五维一体"的发展格局。东莞塘厦以大湾区（东莞）应急产业园为依托，打造500亿级安全应急装备制造产业集群。粤东地区依托国家东南应急救援中心建设以抗洪抢险、防御台风及次生灾害为主的应急救援装备产业示范地。

第二节　发展特点

一、产业经济基础良好

作为我国制造业重要基地和粤港澳大湾区的重要组成部分，广东省坚实的制造业基础和完善的产业链为安全应急产业的发展提供了重要支撑。粤港澳大湾区紧抓政策红利，安全应急产品市场辐射面广，需求量大。例如，佛山市大沥镇地处广佛黄金走廊，是国内有名的商贸、产业名镇，贸易年交易额超8000亿元，市场活跃度居广东镇级首位。在短短10公里的广佛路上，分布着46个专业市场，涉及小商品、五金机电、家具、铝型材、布匹等10多个产业门类。有来自全球90多个国家和地区的生意人从事商贸业，年市场活跃人群超千万，是珠三角乃至华南地区规模最大、品种最齐、交易最活跃的市场集群之一。在推动传统商贸向现代商贸转型升级、助力打造全球采购中心上，广东有色金属交易平台、阿里巴巴新外贸示范镇等项目落成，线上平台与线下载体融合互联，全球贸易服务体系愈发完善。大沥镇产业基础雄厚，商贸优势明显，46个专业市场，既可以提供市场交易的经验，又可以提供安全需求和原材料供给。在大沥建设线上安全产业交易平台，拥有无限商机。

二、细分领域发展各有特色

作为广东省老牌工业城市，江门市工业门类齐全，在应急产业领域拥有良好的发展基础，主要体现在抢险救援装备种类丰富、监测预警装备产业基础扎实、医疗救护保障能力突出、安全应急服务应用范围广泛

4 个方面。具体来讲，江门市在抢险救援装备领域拥有来纳特种车、金莱特、海鸿电气等一批抢险救援装备重点企业。其中，来纳特种车是世界领先的负压救护车生产商之一，是广东省唯一纳入"2020 年国家应急物资保障体系建设项目"的救护车企业；在监测预警装备领域不仅拥有生产应急通信设备的海信通信、康普盾等企业，也涌现出生产集成电路、电线电缆等应急产品的崇达电路、奔力达电路、松田电工等企业；在医疗救护保障方面拥有恒健制药、特一药业、西铁城、舒而美、盈通新材料等重点企业；在安全应急服务方面，该市涌现出江门联通、安邦安全、金汇通服务、安兴职业安全、中科工程检测、中德（江门）人工智能研究院等一批重点企业，相关产品可广泛应用于应急监测预警以及提供抢险救援技术支撑。

三、安全应急服务产业成为发展新亮点

先进制造业与高端服务业融合发展是粤港澳大湾区建设中的高质量发展新动能。2020 年，佛山市南海区委和区政府提出，南海将打造粤港澳大湾区先进制造业高地和高水平建设好粤港澳合作高端服务示范区，积极链接广深港澳创新资源，创建大湾区制造业和服务业融合创新试验区。2021 年，佛山市南海区安全应急产业正在形成"丹灶制造、大沥服务"为主体的互动板块，通过"双核驱动"打造安全应急产业完整的产业链。其中，南海区大沥镇着力打造安全应急服务产业集聚区。大沥镇充分发挥粤港澳大湾区核心区、广佛两大超级城市腹地的区位优势，以智慧安全小镇为核心，以中国安全产业大会永久会址的设立为契机，积极打造安全应急产业展览展示中心、商贸交易平台、研发科创平台和教育培训基地，打造集安全应急产品研发设计、展览推广、检测检验、设备租赁、融资担保等服务于一体的高品质安全应急服务产业集聚区，为加快区域传统产业转型升级，为推动安全应急产业高质量发展做出贡献。

四、集聚高端创新资源

粤港澳大湾区要建设成世界一流湾区，首先就应成为集聚全球创新资源的科技创新高地，这也有助于带动当地安全应急产业的创新发展和

高质量发展。例如，佛山市坚持创新驱动战略，积极拥抱全球，全面推动产业转型升级。大力推进全球采购中心和全球创客小镇建设。携手阿里巴巴打造新外贸示范镇、天猫商城佛山旗舰店、1688电商服务中心，等。中峪智能、智造佳、蝶梦空间、U22创谷等创客孵化基地相继建成，创新创业生态链初步形成。大沥镇已深度融入粤港澳大湾区、深圳先行区"双区"建设，推动"深圳科技+佛山制造""广州人才+佛山平台"融合，有效承接科技、资金和人才溢出。此外，江门市也高度重视自主创新能力提升，相继出台了《江门市关于技术创新中心建设资助实施办法》《关于强化以科技创新支撑"5N"产业集群发展的工作措施》《江门市科技企业孵化载体认定管理办法》等政策，旨在深入实施创新驱动发展战略，加快推进全市技术创新中心建设，建立以企业为主体、市场为导向、产学研深度融合的技术创新体系，加快培育江门市"5+N"产业集群。

五、应急物资生产动员能力较强

面对复杂严峻的国内外发展环境，粤港澳大湾区积极应对新冠肺炎疫情，坚持稳字当头、稳中求进，全力促进经济社会平稳运行。疫情期间，广东炫丽新材料科技有限公司、广东诚辉医疗科技有限公司、广东彼迪药业有限公司、广东金优贝健康用品有限公司、江门市江海区金龙辉电器有限公司、维达纸业（中国）有限公司等企业纷纷转产扩产，不仅为广东省、粤港澳大湾区的应急物资保障做出了贡献，还在全国防疫应急物资的生产和调度方面发挥了突出作用，相关企业贡献了全国防护服胶条80%以上的产能，荣获"全国抗击新冠肺炎疫情先进集体"和"全国共新系统抗击新冠肺炎疫情先进集体"等称号，并受到了国务院致信感谢。此外，广东省在应急物资产业链上游配套企业众多，产品技术先进，质量优越，如为湖北武汉、仙桃等地供应防护服胶条和密封机的铁金刚、业伟成等，生产熔喷布、消杀用品的迈德非织造、宏建医疗等，为医疗设备供应先进机电装备的行业龙头的德昌电机、汉宇集团、崇达电路等，为武汉火神山运营提供线路板的奔力达，以及生产红外测温仪及电子线路板的众多企业，都具备针对应急装备和产品的快速配套生产能力，为区域及全国应急物资保障提供了有力支撑。

第三节 典型代表省份——广东省

2020年5月，广东省政府印发了《关于培育发展战略性支柱产业集群和战略性新兴产业集群的意见》，将安全应急与环保产业列入十大战略性新兴产业集群进行重点培育。2021年7月，《广东省制造业高质量发展"十四五"规划》印发实施，明确要求：重点推进监测预警技术装备、应急处置救援技术装备等安全应急关键技术装备提升，提高安全应急服务水平，创新安全应急技术和服务模式……支持有条件的园区、集聚地建设国家安全应急产业示范基地和生产能力储备基地。

瞄准这一万亿级产业新风口，近年来佛山市南海区把安全应急产业作为构建"两高四新"现代产业体系的重要方向，依托粤港澳大湾区（南海）智能安全产业园这一国家级平台，安全应急产业集聚发展效应凸显。2021年，该区安全应急产业产值初步统计超过400亿元，引入安全应急行业龙头企业、科技型企业、科研机构和安全生产服务产业企业，构建起安全应急产业创新生态体系。此外，为提升安全应急产业的科技创新和行业应用能力，培育产业集群，南海区还专门制定了《促进安全产业发展扶持办法》，从产业链出发，扶持安全应急产业产品以及应用技术的研发、装备制造、软件服务、产品检测、公共服务平台、孵化器等关联的产业，给予落地扶持及补贴。

江门市安全应急产业规模实现突破性增长，2021年安全应急产业类企业销售收入180亿元，年增长率为18%。目前，江门安全应急产业园已先后引入具研发、孵化和加速功能的10多个重大安全平台进驻，已初步形成研发、孵化、加速、基地、基金、服务等为主体的发展体系，超140家安全应急相关企业落户，涵盖地理空间、交通安全、生物医药、智能基建、机械装备、新材料等领域，并成立了公共安全技术研究院，与中国科学院大学共建"江海智慧安全应急联合实验室"，推动广东应急管理学院落户。构建应急产业园区、应急管理学院、应急科普体验中心、大湾区应急物资储备中心、国家级重点实验室"五维一体"安全应急产业发展布局，推动江海区成为首个千亿级安全应急产业集群发展总部基地。

东莞市政府对安全应急产业高度重视，谋划东莞在粤港澳大湾区安全应急产业中的地位。发挥塘厦镇位于深圳、东莞、惠州经济圈几何中心的优势，正在建设以塘厦镇为核心，不断聚拢行业高端资源，将安全应急产业作为服务和保障粤港澳大湾区安全发展，发挥产业集聚效应，实现产业转型升级，致力打造国家级安全应急产业示范基地，形成东莞安全应急产业研发、制造和服务体系。建设包括一个央企引领的大中小产业链融通的产业集群；一个全球一流的安全应急综合服务平台；全面打造"应急监测预警+应急救援技术+高端智能制造"的国内外顶尖百余企业集群发展新标杆，涵盖"产学研、投融建、运管服"的全链条服务新样板，构筑新产业、新基建、新业态的产城融合示范新高地，形成"一群一台三新"的"113"安全应急产业发展格局。

第十章 成渝经济圈

第一节 整体发展情况

地处长江上游,位于四川盆地,东邻湖南、湖北,西通青海、西藏,南连云南、贵州,北接陕西、甘肃的成渝地区双城经济圈是我国西部地区无论发展潜力、还是发展水平都是当之无愧的最高城镇化区域,更是我国实施长江经济带、"一带一路"倡议不可或缺的重要组成部分。

在发展安全应急产业方面,成都已经具有相应的产业基础,涵盖的4个重点方向包括处置救援、预防防护、监测预警、应急服务。成都的安全应急产业涉及的电子信息和装备制造发展态势良好,已经集聚了一批安全应急产业典型企业。截至2019年,成都安全应急装备制造领域的企业达71家,生产安全应急产品82种;安全应急咨询及培训企业39家、组织机构12家;各类救援队伍达700余支,救援人数总计23000人。这些企业及机构在新冠肺炎疫情期间发挥了重大作用。由于我国西南地区的自然地理条件,以及汶川、芦山地震等历史重大突发事件,都对成都安全应急装备、产品、技术和服务提出了较高的要求和考验,促进成都从体制机制、设施建设、物资储备及专业培训等方面,着力强化科学防灾减灾体系建设,加强预警防控,目前成都的相关技术水平已达到国内先进水平。2019年,国家西南区域应急救援中心在金堂获批落户,2020年1月,淮州新城成功入选四川省特色产业基地(第三批),为成都安全应急产业发展升级带来历史性的新机遇。

重庆市安全应急产业以信息安全产业发展为主要方向，是建设网络强市、数字中国的坚实基础。政府对此高度重视，重庆市经市政府指导，由经信委出台的《重庆市信息安全产业高质量发展行动计划（2021—2025年）》提出，到2025年，重庆将全面达成具有全国影响力的应用示范创新基地和信息安全产业集聚高地的目标。该计划还分别从产业规模、产业生态、企业培育、园区建设四个方面分别提出具体发展目标：到2025年，全市的信息安全产业收入预期达400亿元，年均增长率超过15%；建设行业内具有影响力的人才实习实训基地和信息安全公共服务平台；成功引进并培育8~10家10亿级信息安全企业，培育100个具有自主知识产权的信息安全产品；成功培育1~2个在国内具有影响力的知名信息安全产业园区。该计划提出，重庆将以创新驱动、市场导向、示范带动、集聚发展为引领，推动信息安全应急产业与实体经济融合发展，强化信息安全技术在智慧民生、智能制造、智慧城市等领域进行应用推广。

第二节 发展特点

一、产业生态体系完善

成渝经济圈内的安全应急产业注重产业生态体系的构建。其中，隶属于四川省成都市的金堂县不断推进国家西南区域应急救援中心的落地建设，已经完成集体土地拆迁816亩，做好燃气、电力、视讯等基础设施配套建设，完成了项目节能评估和社会风险稳定性评价等工作。此外，金堂县不断建立健全多层次的航空应急救援、消防安全等领域的人才培养体系，注重产教融合、校企合作，同时围绕产业发展的需求引进了一批领军人才、中高端人才，以及创新创业团队。同时，金堂县支持安全应急产业的行业协会、职业能力评价机构等对安全应急产业的相关专业人员进行能力评定，出台奖励政策鼓励专业技术人员积极获取安全类的相关职业认证。

重庆市多措并举在信息安全产业发展方面进行服务支撑。一是建立了全市信息安全产业发展的工作专班，统筹协调全市信息安全产业发展，调和解决重大问题。二是灵活运用金融政策予以支持，结合工信专项资金，以及中小微企业发展的专项资金奖补，对重点信息安全企业进行资金支持。三是打通产业卡口，进行有效联动。通过建立市级、区县、园区三级联动机制，进行公共服务平台建设、关键核心技术攻关、人才引进培养等，做到及时帮助企业解决难题。创建信息安全交流合作平台，促进企业进行跨区域、跨行业的技术交流合作。四是强化第三方服务机构的建设。引进培育一批风险评估、应急响应、规划咨询、安全集成、评测认证等第三方安全应急服务机构。同时，充分发挥联盟及协会的桥梁纽带作用，促进政企、校企之间进行交流合作。

二、产业集聚效果显现

成渝经济圈的安全应急产业集聚效果初步显现。2019 年，金堂县获批落地国家西南区域应急救援中心，其规划面积 1100 亩，围绕安全应急装备制造、应急医疗、应急指挥、多灾种救援、物资储备、人才培训等重点发展方向，完善相关配套设施，围绕功能定位，加强打造应急救援专业技术及场景支持，打造能够辐射中西部地区的国家级应急救援中心，建设成为我国面向东南亚国家实施国际救援的出发地。此外，2020 年 1 月，淮州新城成功入选成为四川省特色产业基地（第三批），金堂坐拥成都市唯一以应急和环保为主的产业功能区，截至 2021 年，产业功能区的发展态势良好，聚集安全应急类企业 53 家、年产值达 78 亿元。

重庆市在特种应急装备方面拥有产业集聚优势。通过成立特种应急装备技术创新战略联盟，完善现代化的安全应急产业链条，优化企业与社会各级的对接，全面增强应对突发事件的安全应急产业支撑能力。目前，联盟内的应急装备生产企业、研究机构、应用机构、高等院校，以及其他社会组织达到 44 家，围绕突发紧急事件的预防与应急准备、监测与预警、处置与救援等工作需求，形成协同创新、优势互补、成果共享的技术创新合作组织。充分利用渠道、组织、协调的有利条件，积极发挥桥梁、平台、导向的作用。联盟充分整合聚集创新资源、协调组织科研攻关、推进科技成果转化、开展行业活动、规划指导产业发展、搭建合作交流平台等，建立区域品牌形象，对行业内形成影响。

三、培育壮大新动能

目前，我国安全应急装备某些关键技术短板明显，高端安全应急装备市场仍有空白，急需通过建立"产学研用"有效的合作机制，建立创新型的产业组织体系，疏通重塑科技成果市场化与产业化齐头并进的渠道，使成渝经济圈安全应急科技成果的市场经济效益明显提升。

重庆市在安全应急产业发展方面始终坚持以创新为导向。出台政策支持知名企业、重点企业，与高校、科研院所等联合，共同进行关键核心技术的攻关，同时鼓励重点企业在商用密码、网络安全等领域进一步加强关键技术的自主创新，加大研发投入，健全完善重点信息安全产品培育库。加强信息安全技术机构的能力建设，推进信息安全创新成果的转化，加快信息安全创新产品和服务的推广应用和先行先试。此外，重庆针对现有安全应急产品各品牌不能通用、功能单一、碎片化等问题，推动安全应急产品生产制造标准化、不同产品接口标准化、设计开发标准化，从而实现零部件和产品通用。推动开发不同规格、适应不同环境需求和场景的系列化产品及定制化解决方案。实现打破灾种界限，打造多样化、模块化的产品功能，以期适应复杂的应急救援需求。

第三节 典型代表省份——四川省

一、安全应急产业发展现状

四川省已形成以成都下属金堂县通用航空应急救援、德阳市监测预警和救援处置及关键基础设施检测等为主要特色的安全应急产业集聚地。其中，金堂县着力打造新安特色的国家级综合类应急产业示范基地。充分利用西部航空应急救援中心、应急消防装备产品制造基地、川消所科研检测及成果转化基地等高能级项目，通过聚焦头部企业、辐射带动应急救援处置装备、监测预警、检验检测、人防消防等细分产业形成产业链集群发展。位于淮州新城西南片区的成都通用航空产业园，其规划面积达 7.94 平方公里，被定位为成都建设国家级通用航空产业综合示范区的核心区。目前，园区已经成功引进包括川航集团、国网通航等在内的 34 家运营、制造类企业，协议引资 84.9 亿元；实现签约项目 15 个，其中有 5 个通航项目，协议总投资 35 亿元。项目涉及金融服务、运营服务、科普研学、航空应急救援等领域，包含中航油碧辟通用航空油料有限公司航油保障基地、成都交投通航应急救援保障基地、北京未来实践教育科技有限公司西部师资培训中心与研学营地等代表性项目。项目涉及面广，产生了强大的带动作用，高度契合淮州新城的主导产业发展需求。通用航空应急救援保障基地项目是首个落户成都通用航空产业园的应急救援基地类项目，该项目由成都交投淮州新城投资运营有限公司打造，主要功能是为中航等企业提供应急救援保障机库等。此外，该项目还将与通用航空领域的头部企业合作，打造集制造、研发、培训、研学、文旅、金融、孵化等功能于一体的完整的产业链条。成都将聚焦打造成都国际通用航空文化会展中心、国家西南区域应急救援中心航空保障基地、西部地区通用航空综合枢纽、全国通用航空产业综合示范核心区。

德阳市依托德阳经开区，建立完善西部低空救援应急产业带，属国家级监测预警、救援处置及关键基础设施检测三大应急产业带，形成和国际地震、地质的应急产业国际交流合作平台的"3+1"产业格局。2017 年，德阳入选成为第二批国家应急产业示范基地，是国家"一带一路"发展的重要节点城市，也是成渝地区双城经济圈中成都极核的重要组成部分。作为中国重大技术装备制造业基地，2020 年，德阳安全应急产业产值达到 120 亿元，西部低空救援应急产业带、国际地震、地质灾害教育培训演练应急产业带、应急产业国际交流与合作平台的成功建立，使德阳市得以充分发挥通用航空的基础优势，应急低空救援能力得到大幅提升。据统计，2021 年德阳已建成若干个直升机和多家民用直升机航空公司集结地，可提供快速、有效的救援服务。未来力争形成高端引领、创新驱动的安全应急产业整体格局。

二、安全应急产业发展特点

（一）顶层政策指明发展路线

四川省高度重视安全应急产业发展。2021 年，四川省在《四川省

"十四五"应急体系规划》中明确提出,全省安全应急管理体系,以及现代化建设在 2025 年要取得明显成效。要继续完善健全体制机制,要强化应急救援、基层基础、风险防控、社会协同、综合保障能力,防灾减灾救灾能力以及安全生产整体水平要得到大力提升,生产安全事故要得到有效遏制,各类突发灾害事故要得到妥善及时处置。该规划要求,到 2025 年,四川省要实现创建国家级安全发展示范城市 2 个、国家级综合减灾示范县 1 个、国家级综合减灾示范社区 150 个,县级以上的应急管理机构中的专业人才占比需要超过 60%,新增重点安全应急行业规模以上企业的从业人员,必须全员参加安全技能培训。

此外,市级政府也出台政策对安全应急产业予以支持。2020 年,德阳市结合省、市相关文件,出台《德阳市支持国家应急产业示范基地建设的若干政策》,要求增加企业创新能力、鼓励企业入驻基地、强化企业优质服务、强化人才支撑体系建设,进一步推动国家安全应急产业示范基地建设,培育安全应急产业的骨干力量,增强对突发事件的安全应急产业装备及相关服务的支撑能力。

(二)产业龙头引领特色鲜明

四川省德阳市的安全应急产业依托中国民航飞行学院,目前已在通航制造、运营、维修等产业链进行全方位布局,发展为全球飞行训练规模及能力领先的飞行员培训基地。凭借完善的通用航空产业链,德阳将产业延伸至应急救援方面,着力构建综合应急救援体系,以广汉为地域发展的应急服务与低空救援体系,更是获得全国"第一响应人"的培训发起地殊荣。德阳以"三大院"作为应急救援装备制造的技术支撑与产业源头,聚集宝石机械、四川宏华、精控阀门等近 300 家相关企业,形成了中国最大油气装备制造产业集群。产品覆盖"钻、控、采、输、服务"等油气装备的整个环节。通过技术攻坚,"三大院"在钻井、采油、试油,以及油田节能、防腐等多个技术领域形成了多项专利技术。在医疗救援方面,德阳泰华堂是我国仅有的一家开展核应急药物支持及核安全保障的企业。九五生物、德阳生化等企业更是跻身我国主要的生物酶制剂生产及出口基地的行列。

（三）产业配套服务助力腾飞

四川省德阳市不断完善安全应急产业配套措施，推动产业良性发展。一是加快完善应急物资储备库的建设，通过新建旌阳、中江、什邡三个应急物资储备库，与位于沱江流域的成都、资阳等六市建立部门之间的应急联动机制。二是由政府牵头，针对德阳市各县、市、区的重点风险源的特点，安排相应类型的演练课题，开展政企合练，有效提升安全应急实战的演练水平。三是注重对外交流合作，建设西部安全应急产业交流的高地，推行应急产业+应急培训+队伍建设的新模式、新业态，发挥德阳应急产业示范基地的引领作用，扩大企业间交流开放，培育资源共享新型经济。四是成立了德阳市防灾减灾应急救援中心、中国石油井控应急救援响应中心、矿山危化救援队、综合应急救援支队和空中应急救援队，依托汉旺论坛，为高端国际对话搭建合作平台。

园区篇

第十一章
徐州国家安全科技产业园

第一节 园区概况

徐州国家安全科技产业园位于苏北地区首个国家高新区——徐州高新技术开发区（以下简称"高新区"）。徐州国家安全科技产业园于 2010 年开始建设，并由高新区、中国安全生产科技研究院、中国矿业大学等单位共同推进，2013 年 9 月被工业和信息化部、原国家安监总局列为国家安全产业示范园区创建单位，2013 年 12 月被科技部批准为国家火炬安全技术与装备特色产业基地。2016 年，徐州国家安全科技产业示范园被工业和信息化部、原国家安监总局批准为全国首家国家安全产业示范园区。2018 年，江苏省政府将"支持徐州国家安全产业示范园建设"写入《关于加快安全产业发展的指导意见》，提出聚集各方面优势，支持园区建设。2019 年，徐州国家安全科技产业园被工业和信息化部评为国家应急产业示范基地。2021 年，随着国家安全产业示范园区和应急产业示范基地统一为国家安全应急产业示范基地，徐州国家安全科技产业园迈入安全应急产业发展的新阶段。

徐州国家安全科技产业园位于江苏省规划的三大都市圈之一的徐州都市圈中心，南接长三角经济区，北连环渤海经济圈和京津冀城市群。经过十几年的开发建设，产业园已成为江苏省北部重要的产业发展集聚区和产城融合科创高地，徐州国家安全科技产业园是我国安全应急产业发展的先行区，获批国家火炬安全技术与装备特色产业基地等称号，被国家部委誉为"中国安全应急产业发展的井冈山"。通过多年的创新发展实践，产业园构建了覆盖安全防护、监测预警、应急救援、安全应急服务全系列的产业链条，形成了以协同创新发力、以数字和人工智能等新技术赋能、以政策要素保障的安全应急产业集聚发展形态，成为全国发展安全应急产业的先锋和标兵。

第二节 园区特色

一、产业链不断完善

为进一步扩大安全应急产业规模，提升徐州安全应急产业的影响力，徐州国家安全科技产业园积极围绕完善产业链条招项目、引企业，在安全科技产业园周边汇聚了高端装备产业园、电子信息产业园等专业产业园区，吸引了智能控制、液压传动、机械加工、软件开发、科技服务等各层级链条企业入驻，同时全力推动新能源、新材料等战略性新兴产业的培育发展，与安全应急产业形成协同融合。经过多年的耕耘，产业园在安全应急防护装备、安全监测预警装备、安全应急救援装备、安全应急服务装备四大领域均实现了产业链构建。例如，在安全防护领域，产业园内企业涵盖个体防护、安全生产专用装备诸多方面，拥有矿山安全、建筑安全领域的百余家企业集群，中安科技等矿大系企业的矿山防护装备广泛应用于山东、内蒙古、贵州等地煤矿，市场份额不断扩大，行业影响力不断增强；在应急救援处置领域，依托徐工在消防和应急装备方面的领军企业优势，高新区内打造了完备的产业链条，形成了应急救援现场保障、抢险救援等方面的企业集群，拥有各类相关企业200余家，产品门类达百余类。

二、政策扶持力度不断加大

徐州市各级政府高度重视安全应急产业发展，多角度的支持政策使徐州安全科技产业园成为安全应急产业发展的沃土。江苏省将安全应急产业列为"十四五"期间重点发展的优势产业，由省市领导牵头负责，在发展规划、财税、人才、政务服务、创新创业、集聚发展、产业链协同等方面政策中进一步加大对安全应急产业的支持力度，促进产业集聚高质量发展。2020年，江苏省、徐州市、铜山区、高新区发布领导挂钩联系优势产业链制度和工作方案，均涉及安全应急产业相关细分领域，提出建立产业链专班，全面构建核心技术可控、产业链高效、产业生态循环畅通的先进制造业体系。徐州市政府专门成立了推进安全产业发展工作领导小组，制定年度工作计划，市政府分管领导和工信、应急等政府部门合力促进产业发展和示范基地建设工作。高新区将安全应急产业作为重点发展的主导产业，积极集成集聚各级支持政策，成立了徐州安全科技产业园管理委员会，统筹负责安全应急产业高质量发展和安全科技产业园管理服务等工作；组建了高新区安全应急产业发展服务中心，为安全应急产业发展提供服务保障；2021年江苏省又印发了《关于支持安全应急产业高质量发展的实施意见》，充分发挥科技、财政等杠杆作用，构建了安全应急装备产业高质量发展的政策环境，以保障示范基地建设工作有序推进、基地产业发展高质高效。

三、品牌建设取得成效

徐州国家安全科技产业园高度重视企业品牌建设工作，每年平均组织3~4次企业品牌建设培训，向企业宣传品牌建设、知识产权的重要性。2018—2021年，为辖区内华洋通信、徐工消防、工大三森等86家企业进行马德里、地理标志等商标注册培训及咨询服务。经过多年培育，产业园内已形成了技术领先、产品市场占有率高、行业影响力大的安全应急产业企业集群，创立了众多安全应急领域的国内外知名品牌，拥有多个国家级和省级专精特新"小巨人"企业/产品，以及其他示范企业或获得国家科技进步奖企业3个。2017年11月，高新区被工业和信息化部评为产业（安全产业）集群区域品牌建设试点单位，2019—2021年，徐州市组织开展了三次年度徐州市自主商标品牌样板企业评选工作，高新区安全应急企业华源节水、中矿大传动、八方安全装备等16家企业入选。特别是徐工系应急救援装备、矿大系矿山防护产品经过多年雄厚积淀，具备绝对竞争优势。例如，徐工消防高空消防装备突破了100米大关，位居亚洲第一，参与了应急使命2021应急救援演练，已广泛列装各地救援队;三森科技自主研发的矿井智能换绳装备打破了德国西玛格公司的垄断,成为国内乃至东南亚矿山提升维护首选装备;中矿大传动兆瓦级变频器填补了国内空白,其产品代替了进口产品。

四、产业创新生态逐步形成

为确保各类前沿技术迅速转化应用,徐州国家安全科技产业园积极推进安全应急产业科技创新生态体系建设,找准产业技术链关键环节,组织各种科技资源和力量,为创新创业提供技术、知识、信息、管理、投融资等服务。自与科技部研发中心签约"蓝火计划"以来,高新区企业已与全国110所高校、院所建立了长期的产学研合作关系,规模以上企业实现研发机构全覆盖。相继成立的中矿传动、环球锻压、徐工汽车、徐工消防等多个区域行业研发中心,成为国内先进的安全应急产业研发制造中心;中国矿业大学与徐州高新区合作共建的国家大学科技创新园,已获批国家级孵化器,累计孵化企业1300余家。在国际产学研方面,与国际大学创新联盟(IUIA)共同合作搭建了IUIA淮海国际创新中心,以徐州为中心打造淮海经济区最大的跨境孵化中心,依托淮海国际创新中心,成功举办了德国创新创业大赛、中俄国际交流研讨会等活动;与加拿大滑铁卢大学、英国剑桥大学等合作成立了4个国际技术转移中心;徐州淮海区块链产业研究院、中美工程技术产业研究院相继成立。此外,高新区连续举办8届中国安全科技产业协同创新推进会,举办了3届"一带一路"安全产业发展国际论坛,把开展安全应急科技协同创新、推进安全应急产业融合发展的成果推向"一带一路"沿线国家和地区。

第三节 有待改进的问题

一、产业结构有待优化升级

安全应急产业结构仍需调整,具体表现为装备制造业、资源加工业、劳动密集型等传统行业所占比重较大;高新技术企业、外向型经济企业相对偏小，经济总量偏低。在产品架构上，国内外知名品牌较少，产品结构处于由初级阶段向次高级水平过渡中。产业链头部企业较少，除徐工系企业外，产业园集聚的大多是一些科技型中小企业。随着全国各地对安全应急产业发展的重视程度不断加大，竞争越发激烈，产业园需要加大重大项目的招商引进和重点企业的培育壮大，以创新和质量提升来提高产品附加值，注重产业结构的平衡，促进产业持续健康发展。

二、工业用地日趋紧张

经过30多年的建设发展，高新区土地资源要素渐趋紧张，对于安全应急装备，特别是大型装备生产空间较大的需求承载能力下降，土地计划指标不能满足项目建设的需求，用地供求矛盾日益尖锐。虽然市区加大了煤塌地、荒山的复垦和新农村改造力度，但置换出的土地数量对工业用地来说仍显不足，需要进一步促进土地集约利用，推进产业升级，盘活存量用地。

三、产品智能化水平有待提升

徐州国家安全科技产业园的安全应急产业主要以工程机械装备的制造为主，与互联网、大数据及人工智能等信息技术的融合度仍需提升，尚没有构建制造业全价值链协同发展的思维框架。园区针对研发、生产、管理、营销等制造全过程，推动制造装备数字化、网络化、智能化升级改造工作的动力不足。高精度复合型数控机床、工业机器人、智能传感与控制装备、智能检测与装配装备、物流成套设备等高端智能装备虽然有所研发，但在提升园区安全应急装备智能化转型进程上稍显不足。

第十二章

中国北方安全（应急）智能装备产业园

第一节 园区概况

中国北方安全（应急）智能装备产业园建于营口高新技术产业开发区，后者筹建于1992年，于2010年9月经国务院批准成为国家高新技术产业开发区，同年10月列为辽宁沿海经济带重点支持区。2014年7月，经工业和信息化部、原国家安全监管总局批准，中国北方安全（应急）智能装备产业园正式成为我国国家安全产业示范园区创建单位，是我国最早成立的国家安全应急产业示范基地之一。营口高新区位于营口市主城区西部，规划面积20.47平方公里，是主城区唯一沿河观海的区域。园区交通便利，辽河特大桥、辽宁沿海经济带滨海大道贯穿全域，且距离营口港鲅鱼圈港区和盘锦港区各40公里，拥有海陆双重运输优势。园区入驻企业420家，共有员工2.98万人，域内下设"一城两园"，其中15.5平方公里为辽宁渤海科技规划控制面积，站前工业园、西市均为1平方公里；域外另设一占地面积达0.43平方公里的新材料产业园。

中国北方安全（应急）智能装备产业园产业基础扎实。截至2021年年底，园区共拥有安全应急产业企业200余家，其中规模以上企业40余家；产品涉及四大类100多个品种，总销售收入超过150亿元。园区拥有营口忠旺铝业有限公司、营口新山鹰报警设备有限公司、中意泰达（营口）汽保设备有限公司、马勒发动机零部件（营口）有限公司

第十二章　中国北方安全（应急）智能装备产业园

等龙头企业，产业技术先进、市场占有率高，在国际国内均有一定知名度。

中国北方安全（应急）智能装备产业园以安全环保材料产业和特种车辆及汽保设备产业为主要发展方向，带动消防（火灾报警）产业和安全应急装备制造产业快速发展。在安全环保材料领域，园区共有相关企业 36 家，2021 年销售收入超过 40 亿元，主要生产工业铝合金材料、镁质耐火材料、镁铝材料、高分子纤维和矿物纤维及其制品等，产品广泛用于金属冶炼、耐高低温、防腐隔热、耐火阻燃和抗静电等多个领域。在特种车辆及汽保设备领域，园区共有相关企业 137 家，2021 年销售收入达 60 亿元以上，涵盖了特种车辆制造、汽车零部件制造、汽车故障诊断和保修设备生产、服务配套等多个领域，其中汽保设备企业数量最多，为 107 家。在消防（火灾报警）产业领域，园区共有相关企业 25 家，2021 年销售收入超过 8 亿元，涵盖了室内火灾报警设备生产、消防设备和消防服务配套两大类企业。在安全应急装备制造产业领域，园区共有相关企业 46 家，2021 年销售收入超过 17 亿元，涵盖了风险监测预警类产品、安全防护防控类产品、应急处置救援类产品和服务类企业等。

第二节　园区特色

一、政策引导支持安全应急产业发展

早在 2015 年，辽宁省就发布了《辽宁省人民政府办公厅印发贯彻落实国务院办公厅关于加快应急产业发展的意见重点工作分工方案的通知》，对安全应急产业的前身之一——应急产业进行了规划部署。其后，营口市政府印发了《营口市安全（应急）智能装备产业发展规划》《营口市人民政府办公室关于推进营口高新区提档升位的实施意见》《营口市安全（应急）智能装备产业发展规划》《中共营口市委　营口市人民政府关于印发〈营口市进一步支持实体经济发展的若干政策措施〉的通知》等一系列文件，为高新区发展安全应急产业提供指导；营口高新区印发了《关于印发〈营口高新技术产业开发区产业扶持政策（2019 年）〉的通知》《中国（辽宁）自由贸易试验区营口片区关于进一步支持企业

健康运行，促进高质量发展的若干政策措施》《关于推进中国北方安全（应急）智能装备产业园建设的工作方案》等，为园区开展安全应急产业建设指明了具体目标、明确了行动路径和具体措施。

二、"三区叠加"优化营商环境

中国北方安全（应急）智能装备产业园处于中国（辽宁）自由贸易试验区营口片区、营口国家级高新区、营口综合保税区"三区叠加"体系之内，创新型管理体制机制实现了三区"三块牌子、一套人马"的一体化管理模式，形成了政策环境"三区叠加"，为园区安全应急产业发展提供了肥沃土壤。园区持续深化"放管服"改革，"十三五"期间共承接各类省、市权限898项，在辽宁省内率先实现"一表申请，一口受理，一口发照，一章审批，一网通办"；创新实施一照"双码"60证合一，企业开办全流程0.5个工作日内办结；利用数字化智能监管手段，实现"审管联动"。2018年，园区营商环境获得国务院通报表扬。

三、注重科技研发保障产业核心竞争力

在营口市政府的支持下，营口高新区管委会先后与北京科技大学、哈尔滨工业大学、中国科学院、中国安全科学研究院等20余家国内知名大学或研究机构鉴定了安全应急产业发展战略合作协议，构建了政府+园区+高校/科研院所+企业的政产学研用一体化合作框架，为安全应急产业领域科技创新及成果落地打造了一站式服务平台。2021年，中国北方安全（应急）智能装备产业园共有省级以上研发机构32家，市级研发机构39家，研发投入占销售收入的4%，依托骨干企业建立了多个院士工作站和博士后工作站。

第三节　有待改进问题

中国北方安全（应急）智能装备产业园位处东三省，总体经济增长速度不如沿海区域其他安全应急产业示范基地迅速。首先，由于近年来国际经济形势随新冠肺炎疫情影响有所紧缩，部分发展较好的企业市场

占有率份额下降较大,相关产业链供需发生变化,导致部分龙头企业陷入低迷。其次,政府在推进安全应急产业发展中的引导作用应进一步加强,对园区安全应急产业相关细分领域的政策指导效果有待提高,对持续发展安全应急产业的重视程度宜进一步加强。最后,园区研发实力有待提升,园区部分研发机构规模小、研发能力弱,缺乏国家重点大学或行业内重要科研机构支撑,不利于持续提升产业竞争能力。

第十三章

合肥公共安全应急产业园区

第一节 园区概况

合肥高新技术产业开发区（以下简称"合肥高新区"）在1991年3月经国务院批准，成为首批国家级高新技术产业开发区之一。合肥高新区辖区面积179平方公里，连续7年在全国169家国家级高新区综合排名中位列前十。2021年，高新区实现地区生产总值1252.7亿元、财政总收入248.7亿元、规模以上工业产值1806.5亿元、战略性新兴产业产值1251.6亿元，较上年同期分别增长11.2%、11.7%、22%和30.7%，产业集聚和转型升级态势喜人。合肥高新区是首批国家双创示范基地，也是国家自主创新示范区和中国（安徽）自贸区合肥片区核心区。合肥高新区拥有约2000家国家高新技术企业，200余个省级以上工程技术研究中心，研发费用占GDP比重达11.7%，研发实力位居国家高新区前列。2015年12月获批成为国家安全产业园区创建单位，同年获批成为首批国家应急产业示范基地，目前已成为我国第一批国家安全应急产业示范基地。

合肥高新区安全应急产业链条完备，产业特色鲜明、保障有力。合肥安全应急产业集群主要包括交通安全、矿山安全、消防安全、电力安全、安全信息化等五大领域，自主研发实力强。合肥高新区拥有一系列国内领先的安全应急企业，在火灾机理研究和公共安全领域独具特色，拥有清华大学合肥公共安全研究院消防与应急救援国家工程实验室，不但能够进行火灾机理可视化研究，还可对全国消防接入设备进行大数据智能分析。安全应急产业作为合肥高新区的第二大产业已实现蓬勃发展，2021 年产值超过 600 亿元，同比增长 14%以上，增长速度和产业规模均处于全国安全应急产业示范基地前列。此外，合肥高新区在城市安全领域积极创建"科技+服务+保险"一体化服务模式，通过加快技术标准和规范制定提升成套式服务产品的附加值和竞争力，助力城市生命线"合肥模式"建设推广和安全应急服务产业的进一步发展。

第二节　园区特色

一、科技创新能力突出

合肥市以合肥公共安全应急产业园区为中心，大力推动安全应急科技创新发展。园区将科技创新作为产业发展的核心动力加以培育，以重点企业、研发机构为核心，大力提升安全应急产业创新能力，印发了《合肥高新区建设世界一流高科技园区若干政策措施》（合高管〔2020〕62号）等政策文件，用财政政策支持引入重大项目、降低企业落地成本、优化人才留居待遇。园区将自主研发作为提升产业核心竞争力的关键手段，将自主研发和主导、参与标准制定作为科技研发的主要推动方向，采用"众创空间＋孵化器＋加速器+创业社区"的办法推动全域创新，辐射带动合肥市安全应急产业发展。2021 年，合肥市共拥有安全应急重点企业超过 300 家、国家级研发机构 40 余家、省级研发机构 150 余家、安全应急领域发明专利 2000 余项，拥有火灾科学国家重点实验室、工业安全与应急技术安徽省重点实验室等各级研发机构，相关研究成果在我国多个省市得到了成功应用。

二、细分领域发展全面

合肥公共安全应急产业园区围绕交通安全、矿山安全、消防安全、电力安全、安全信息化五大领域，形成了以监测预警和安全防护为主体、应急救援处置和安全应急服务等产业协同发展的安全应急产业链条。园区稳步提升安全应急产业细分行业竞争能力，围绕产业特色加快产业集聚，已经形成了一批增长能力好、自主研发能力强、科技研发实力雄厚、产品安全应急保障作用突出的安全应急产业企业,努力打造国家级安全应急产业集群。园区大力深化新一代信息技术在相关领域中的应用,依托中电38所、海康威视、国盾量子、科大讯飞、四创电子、赛为智能、新华三等一系列国际知名的骨干企业和龙头企业,形成电子信息产业链协同创新,产品在突发事件应急管理上得到了应用推广。

三、产业宣教影响力强

合肥公共安全应急产业园区积极举办安全应急产品展览展示大会,充分展示了合肥高新区安全应急产业发展的良好面貌,也为群众宣传教育提供了优质平台。2021年12月,由中国安全产业协会、中国林业机械协会等共同举办的2021年中国(合肥)安全产业应急装备展览会在合肥滨湖国际会展中心正式召开。展区共包含智慧安全应急、安全应急救援装备、安全防护防疫物资、森林草原防扑火装备、森林草原病虫害防治装备、安全应急体验服务培训六大部分,总面积达3万平方米,共有来自全国近20个省、市、自治区的300余家安全应急产业企业参展。会上发布了《中国安全应急产业发展白皮书(2021年)》,总结了我国安全应急产业发展的总体形势,探讨了未来行业发展的趋势,为我国安全应急产业高质量发展指明了方向。

第三节 有待改进的问题

地方对安全应急产业的重视程度有待提升。自我国将安全产业和应急产业合并以来,合肥公共安全应急产业园区对安全应急产业政策变化的态势不敏感,缺少针对安全应急产业发展的支持鼓励政策,《合肥高新技术产业开发区国民经济和社会发展第十四个五年规划和2035年远景目标纲要》缺少对安全应急产业发展的相关叙述,并将"安全产业"划归到网络安全领域下,不利于园区进一步发挥在交通安全、矿山安全、消防安全、电力安全、安全信息化等安全应急细分领域的深厚产业基础和广阔发展优势。此外,对安全应急产业细分领域的专项支持也有待进一步加强,如何促使安全应急产业信息化、智能化转型升级将是园区安全应急产业未来发展的重要课题。

第十四章

济宁安全应急产业示范基地

第一节 园区概况

济宁高新区安全应急产业示范基地由济宁国家高新技术产业开发区建立，在 2017 年 1 月受工业和信息化部、原国家安全监管总局的批准成为我国第四家国家安全产业示范园区创建单位。济宁国家高新技术产业开发区（以下简称"济宁高新区"）于 1992 年 5 月成立，经多年发展于 2010 年被国务院批准成为国家高新技术产业开发区。济宁高新区下辖洸河街道、柳行街道、黄屯街道、王因街道、接庄街道，总面积 255 平方公里，常住人口 35.7 万人，先后获批国家高新技术产业标准化示范区、国家级版权示范园区、五星级国家新型工业化产业示范基地、山东省信息技术产业基地、首批省级外贸转型升级试点县等。2020 年，济宁高新区地区生产总值和固定资产投资分别较上一年度增长 6.3%和 7%；一般公共预算收入 40.2 亿元，较 2019 年同期增长 3%。2020 年济宁高新区在山东省开发区综合评价中位列第六，在全国高新区评价中位列第 79 名，在 3 年中共上升了 28 名，提升速度位居全国前列。

济宁高新区以安全装备产业园为安全应急产业发展核心，集中资源推进安全应急产业发展。在济宁高新区"一区十园"管理体制改革下，安全装备产业园成为园区集聚政策与优势资源、以攻坚态度推进安全应急产业发展的前沿阵地。安全装备产业园位于黄屯镇驻地，主体位于 327 国道、崇文大道、德源路和西浦路之间，建设用地约 1200 公顷，位处济宁都市区融合发展中心区和高新区科技新城核心区。园区拥有浩珂科技、巴斯夫、鲁抗医药、莱尼电气等产业龙头企业，共培育工业企业208家，其中规模以上工业企业65家。2021年，园区规模以上工业总产值达到103.8亿元，较上年同期增长38.6%；18家企业产值超过1亿元，其中3家企业产值超过10亿元。安全装备产业园的蓬勃发展，为园区开展安全应急产业建设提供了坚实基础。

济宁高新区聚焦"专精特新"企业培育发展，依托安全装备产业园，努力提升安全应急产业专业化水平。截至2022年3月，济宁高新区安全装备产业园安全应急产业领域"专精特新"优质企业约15家，其中2家被评为国家级专精特新"小巨人"企业、7家被评为省级"专精特新"企业、4家被评为省级瞪羚企业、4家被评为省级制造业单项冠军企业。2021年，上述"专精特新"企业共实现规模以上工业产值37.13亿元，较上一年度同期增长26.5%，有效拉动了区域经济增长、提升了济宁高新区安全应急产业发展质量，为园区开展自主创新、打造产业链龙头企业起到了引领带头作用。

第二节　园区特色

济宁高新区推出了系列政策支持安全应急产业发展，目前已经形成了较为完善的政策体系。2017年9月，高新区印发《关于推行"一区多园"管理体制改革的意见》，全面开展"一区多园"改革，成立了安全装备产业园管委会，为安全应急产业集聚合力快速发展提供了空间和环境基础；济宁高新区于2018年启动了"510"企业培育三年行动计划，针对企业挂牌、上市推出了系列奖励措施和金融帮扶措施，助推安全应急产业企业高质量发展；2019年，济宁高新区陆续发布了《关于推动创新创业高质量发展打造"双创"升级版的意见》《济宁高新区管委会办公室关于印发〈济宁高新区招商引资新项目引荐人奖励办法〉的通知》等，为济宁高新区创新创业和人才引进战略提供了政策基础；同年，高新区印发了《关于进一步规范小微园区建设发展的实施意见》，要求对安全装备产业园及其他工业园区进行全面规划，以期全面提升产业发展质量，增强产业供给能力，推动安全应急产业高端化发展；10月，济宁高新区颁布了《济宁高新区高端装备产业高质量发展五年攻坚行动方案》，提出要大力发展安全装备产业，通过协同作用进一步培育高新区新兴装备产业，以浩珂科技、英特力、赛瓦特、安立消防等龙头企业为依托，重点发展矿用安全装备、应急通信装备、应急消防产品；2020年，济宁高新区颁布了《关于鼓励支持工业企业开展技术改造行动的实施意见》，鼓励园区企业实施安全产业工业产品、生产工艺和装备的技术改造，鼓励安全生产管理与监测预警系统、应急处理系统、危险品生产储运设备设施等技术装备的升级换代，在提升园区产业安全运行水平的同时，积极开展安全应急产品应用推广。

济宁高新区以"双百工程"为核心，通过加快重点项目建设提升产业发展质量。济宁高新区安全装备产业园积极开展"双百工程"建设，通过专班化提升项目建设服务质量，实现了鲁抗医药、华源电厂、天虹纺织、莱尼电气二期等多个省重大、重点项目在园区的建成投产。2022年，济宁高新区"双百工程"项目总数达到38个，总投产超过177亿元，其中2022年度投资40.5亿元；凯登制浆高端造纸装备、鲁抗国际合作生物疫苗及高端制剂项目入选省重大项目名单，拓新电气防爆变频器、浩珂科技泡沫新材料、兴发弹簧二期等多个重点项目即将开工。为保障服务质量、进一步吸引重点项目落地，园区多措并举提升强化服务能力：通过推进"企业代办"，设立园区代办员，协助企业对涉及多个部门的重点项目和特殊事项进行代办和联合审批，从根本上解决了企业多头跑的问题；通过优化信贷政策，提高园区金融机构融资支持能力，解决企业发展融资难的问题；通过组织技能培训，为园区企业提供具有专业技能的各类人才。

第三节 有待改进的问题

济宁高新区安全应急产业发展迅猛，产业发展质量稳步提升，与此同时在部分领域仍有可提升之处。其一，新冠肺炎疫情和国际市场动荡为安全应急产业发展带来了新的挑战，审时度势、适时提升对园区内外向型企业的支持十分必要；其二，应进一步提升园区服务型制造应用，加快催化新业态、新模式，通过进一步推动高新技术企业发展、推进安全应急产业信息化智能化转型，提升企业提供高附加值、成套化服务产品的能力。

第十五章

南海安全应急产业示范基地

第一节 园区概况

南海区经济基础雄厚。围绕"品牌南海"的战略部署,南海区的经济发展保持稳步上升态势。当前,南海区已拥有10个超过200亿元产值的产业,高端装备制造业链条完整,配套率达90%以上。在国家、广东省和佛山市上下联动的政策支持,以及南海区各相关部门的联合推动下,南海区安全应急产业规模实现突破性增长,2018年、2019年、2020年南海区地区生产总值分别为2809亿元、3176.62亿元、3177亿元;其安全应急产业类企业销售收入分别为240亿元、288亿元、336亿元,年均增长率为18.3%。

粤港澳大湾区(南海)智能安全产业园核心区位于丹灶镇,总规划面积10000亩,包括1000亩产业核心区、800亩商住休闲生活区、2000亩翰林湖公园生态区、3000亩生产基地扩展区。总投资超过200亿元,以联东U谷产业为载体,已进驻企业136家,其中规模以上企业10家,高新技术企业13家,建成企业工程中心及实验室25家,引进院士5人,高层次人才27人,区级以上创新创业团队13个,将安全产业与信息化、智能化、大数据有机结合。创建专业技术研究院主打技术研发、人才培训及产品检测等,形成完整的技术链。目前,园区涵盖应急救援处置装备、监测预警产品、专用安全生产装备、个体防护用品、安全材料、安全应急服务等领域,其上游原材料、技术研发平台、配件加工等链条相对完善,下游如市场、应用端、集成商等较为广阔。同时,园区内近

50 家国内外知名品牌企业和"隐形冠军"企业中有超过 20%的企业在业内占据全球领先地位，属于世界知名品牌，超过 60%的企业在我国市场份额中处于领先地位。南海区在安全应急产业上的发力点从主要依靠丹灶核心园区，进入到大沥与丹灶两镇互相配合、双轮驱动。安全应急产业涉及四大类、13 个中类，拥有规模以上企业 146 家。

第二节 园区特色

一、创新驱动引领产业发展

作为国家安全应急产业示范基地建设的高地，南海区创新驱动成主引擎，创新能力有了新的突破。南海区近 3 年新增省级以上研发机构 11 家，包括佛山市南海区广工大数控装备协同创新研究院、佛山中科芯蔚科技有限公司、广东欧谱曼迪科技有限公司、佛山市中山大学研究院等；研发投入占销售收入比重为 4.1%；有效发明专利数为 241 件，比 2019 年增加了 35 件，增长了 18.6%。企业每亿元主营业务收入有效发明专利数为 0.7 件，其中安全应急领域有效发明专利数占基地全部有效发明专利数的比例为 47%。

二、产业升级带动高质量发展

南海区政府积极探索建立适合本地区特点的产业、金融和财政政策组合，协同制定推动"机器换人"的政策体系，在安全应急领域相关企业中，使用了工业机器人的企业占比为 46%，使用其他智能设备的企业更是达到 83.6%。另外，传统制造企业通过大数据降低管理成本、运用智能制造从批量化生产进入个性化生产领域。南海必得福用大数据进行生产管理来降低企业的生产成本，与软件公司合作打造 SAP 系统，进一步提升生产设备和工艺的智能化程度，提升企业在生产过程中的品控能力；广东强裕电力建设自动化立式氧化电泳生产线，可以满足小型化、个性化订单的生产加工需求。此外，南海安全应急领域多家企业与阿里云签订合作协议，通过大数据、人工智能等对传统的工厂生产线进行智能化改造。

三、产业配套水平持续提升

南海区为企业进驻及发展建设了完善的服务体系。一方面，持续推进政务服务改革。推出相对集中的行政审批改革，按"集中为原则、不集中为例外"的要求，将区有关部门的审批服务向一个内设机构集中，将镇街实施的与企业密切相关的政务服务事项审批人员向镇街行政服务中心实体大厅集中，将政务服务事项办理从"线下办"向"网上办"集中，把优化营商环境深化服务企业向纵深推进。另一方面，南海区出台《佛山市南海区关于实施"十百千"工业企业培育计划的意见》，在鼓励做大做强、降低融资成本、放宽用地条件、推动科技创新、解决子女入学五大方面对培育期内的工业企业进行扶持，包括十条"含金量"极高的具体扶持政策，旨在促进资本、技术、人才等资源要素集聚南海。南海将强化组织领导，建立企业培育目录库和高效服务体系，通过区镇领导挂钩企业、企业服务直通车等形式，关心企业诉求，持续跟踪服务，全方位支持企业做大做强。

第三节 有待改进的问题

一、产业规模有待进一步扩大

目前，南海区安全应急领域龙头企业较少，中小企业居多，企业在国内行业市场占有率均不高，在各细分领域均未有国际一流的安全应急产业巨头入驻，缺失支柱产业的带动作用，导致带动力差、产业分工不明显、相关配套产业跟不上、产业链不完善等不利影响。另外，南海区安全应急产业的企业之间关联较弱。例如，个体防护用品企业之间多各自为战，缺乏合作与关联，政府应促进企业间的技术交流，突破关键技术的发展瓶颈。

二、产业链核心环节急需锻强

南海区安全应急产业链的核心环节依然薄弱，主要在产业链中游，集中于生产制造；附加值高的产业链上游，以及下游相对薄弱，集中显现在研发、设计，以及市场服务、售后服务，制约产业经济总量增速。从产业结构来看，南海区劳动密集型制造业、资源加工业及装备制造业的产业占比较高，而外向型经济企业、高新技术企业占比相对较少。另外，南海区的安全应急服务产业与智能制造、新材料等新兴产业尚未形成协同效应。由于缺乏完善的安全应急产业理论指导体系或专业性指导方案的有效支持，尚未形成服务产业的规模化、专业化、集聚集约化。

三、专业性储备不足制约发展

安全应急产业的性质应属于跨领域整合型的产业，其涉及范围几乎涵盖各个领域。全能型人才是自主创新能力提升的基础保障。隶属南海区的佛山市与邻近的广州、深圳等两大优势城市相比，无论在吸引人才方面，还是在高级人才资源方面无疑都处于劣势。如何广纳人才、吸引国内外安全应急产业领域精英加入，成为南海区发展安全应急产业的重中之重。而设施相对落后的狮山镇、西樵镇等地，安全应急产业高科技企业及研发机构更是难以吸引领域内专业人才在本地落户；南海区各高校在安全应急产业领域专业学科设置方面缺乏深度和广度。当务之急应配合南海区安全应急产业未来发展方向，有针对性地调节学科，增加深度、扩展广度，以达到培养优质复合型专业性人才的目的。

第十六章

西安高新区安全产业示范园区

第一节 园区概况

陕西省西安市是我国西部政治、经济、文化、交通中心之一，是关中平原城市群的核心城市，是古代丝绸之路的起点，具有承接东西、贯穿南北的独特区位优势。西安也是我国明确建设的三个国际化大都市之一，位于我国安全应急产业"西部崛起带"的南北连接核心区，紧邻"中部产业连接轴"，是我国安全应急产业在西部贯通、转移和向周边辐射的源头之一。

西安高新区1991年3月被国务院批准为国家级高新区，2006年被科技部确定为要建成世界一流科技园区的试点园区。西安高新区也是中国（陕西）自由贸易试验区功能区，是陕西省和西安市承接国家战略，实现"双自联动"的最前沿。2019年，西安高新区获批为"国家安全产业示范园区创建单位"，成为连接我国中西部安全应急产业发展的关键阵地。作为陕西省安全应急产业发展的排头兵，西安高新区具有产业基础雄厚、研发实力强等特点。2020年6月，科技部批复同意"因科技创新示范区"在西安高新区启动。2021年，西安高新区生产总值为2681.36亿元，增速为6.4%。

西安高新区以矿山安全、消防安全、交通安全、电力安全为主要特色，信息安全、应急安全、危化安全、城市公共安全为补充，紧抓安全应急保障能力建设，全方位、多层次对安全应急产业加以培育。西安安全应急产业在提升设备本质安全水平、强化应急保障效能、遏制重特大事故发生中作用明显，目前已在陕西省形成了辐射效应。2020年，陕西省连续23个月未发生重大以上生产安全事故，较大事故起数与上年相比下降19.05%，取得自2010年以来防范遏制重特大事故最好成绩，这与其以安全应急产业集聚发展为核心提升安全应急产品、技术、服务供给能力，提升各行业安全应急水平具有密切关系。

西安高新区持续引进重大项目，生物医药、北斗产业、高端装备、电子信息、新基建、区块链等多个领域多个重点项目即将落地，为安全应急产业创造了较好的条件。2020年，西安高新区安全应急产业收入超过600亿元，为陕西省进一步开展安全应急产业布局提供了有效范例。

第二节　园区特色

一、特色领域龙头企业集聚

西安高新区安全产业示范园区以矿山安全、消防安全、交通安全、电力安全为主要特色，拥有安全应急产业企业超过1350家，龙头企业带动作用明显。在矿山安全领域，拥有陕西煤业化工集团、煤炭科学研究总院西安研究院、西安博深安全、中煤科工集团西安研究院、西安凯洛电子等专门从事矿用安全技术与产品研发的高科技企业和研究院，在矿用机械、无人矿山、矿用专用安全装备、煤矿预防管理系统等方面优势明显，为陕西省及周边省份煤矿提升安全生产水平提供了有效保障。在消防领域，园区内拥有西安航天动力旗下的消防工程有限公司、西安坚瑞消防、陕西中联消防、西安瑞杰消防、西安盛赛尔电子有限公司等，在消防技术研发、产品制造、消防设计等方面优势明显。在交通安全领域，西安拥有西安正昌电子、陕西庆华汽车安全系统有限公司等，在车辆主动安全装备、安全气囊点火具等领域背景雄厚。在电力安全领域，集聚了以中国西电电气股份有限公司、特变电工西安电气科技有限公司为龙头的电力安全产业链，高压电气国家工程实验室和中国西电集团公司技术中心等国家级研发机构，雄厚的研发实力成为西安电力安全产业领域的核心竞争力。

二、科技研发与人力资源基础雄厚

西安市高等院校和研发机构众多,是国家科教资源的战略聚集区。全市拥有普通和民办高等院校100余所,各类独立科研机构3000余家,各类科研及开发机构8000余个,现有两院院士60余人,各类专业技术人员超过46万人,在校大学生120余万人,科教综合实力位居全国第三。西安工业大学、西安交通大学、西北农林大学、长安大学等一大批高等院校均开设有安全、应急相关学科,具有雄厚的专业人才储备。同时,西安人力成本与东部沿海城市相比较低,在人力成本方面对企业吸引力优势明显。西安高新区安全产业示范园区内聚集各级重点实验室、企业技术中心和工程技术中心200余个,博士后工作站、博士后创新基地48个,科技企业孵化器30家,是国家首批"海外高层次人才创新创业基地"。西安航天动力、西安天和防务、西安新竹、西安航天恒星、西安正昌电子等军工企业都是安全应急产业领域的科技"小巨人"企业。2020年,西安高新区制定了《西安高新区关于支持硬科技创新的若干政策措施》《西安高新区关于开展重点领域关键技术攻关"揭榜挂帅"的实施意见》等一系列政策,每年安排9亿元以上专项资金,全力支持硬科技创新,推动产业高质量发展。

三、开放合作持续扩大

西安市对内合作、对外开放的优势资源汇聚,为西安高新区安全应急产业发展注入了源源不断的动力。在内外开放合作大通道建设方面,西安高新区依托西安承东启西、连接南北的重要战略地位,抢抓全球数字化转型机遇,搭建数字化跨境交易平台、全球数字供应链服务平台,推动产业链供应链信息互通。在自贸区建设方面,西安高新区持续加大金融开放力度,推动综保区贸易便利化水平不断提升,为安全应急产品和技术畅通国际循环通道。在国内区域协同发展方面,西安咸阳国际机场是全国航空六大国际枢纽之一,西安北站是亚洲最大火车站,西安新筑铁路综合物流将形成以运输物流、贸易服务为主的国家级综合物流枢纽节点,凭借发达的交通网络,西安高新区不断加强与周边及国内其他省份合作，开展产业化协同布局，加深技术研发等方面的交流，为区内安全应急产品和企业走出去提供了便捷的渠道。

第三节 有待改进的问题

一、政策的延续性不足

西安高新区安全产业示范园区基础较好，特色明显，但机构改革、人员变动等原因对产业发展影响较大，对于安全应急产业的重视程度和相关政策支持的持续性不足，出现开始势头较好，但由于区内产业发展重点转移，后续发展机制和政策衔接性差的情况，影响了园区安全应急产业的进一步发展壮大。

二、安全应急产业与其他产业融合不足

目前，区域内安全应急产业与智能制造、数字经济等新兴产业尚未形成明显的融合，生产性服务发展偏弱。西安高新区自身拥有的雄厚的信息产业基础对整体安全应急产业带动效果不佳，尚未完全发挥出信息产业对安全应急产业的支撑和引导作用。企业间也缺乏有效的交流合作机制，尚未形成强有力、跨领域的产业链集聚合作的商业模式。

三、创新潜能释放不足

西安高新区内虽然科研机构众多，但成果转化效能还有待提高，创新企业、产品、技术规模化发展环境还有待改善，掌握核心技术或关键产品的企业与国内同行业规模化发展的大型企业相比，对本地市场及全国市场的开拓能力较弱，竞争实力不足。

第十七章

随州市应急产业基地

第一节 园区概况

随州市作为"中国专用汽车之都",抢抓湖北省"一芯两带三区"的产业和区域布局机遇,于2015年创建"国家应急产业(专用汽车)示范基地"。目前,随州高新区已有430家安全应急产业相关企业,初步形成了以应急风机、应急专用汽车、应急医药制造、应急救灾篷布为核心产业的发展方向。随州市着力全面对接湖北省"一主引领、两翼驱动、全域协同"的区域发展战略,积极融入"汉孝随襄十"的万亿级汽车产业配套体系,打造引领全国的专汽之都。2021年,在汽车行业整体低迷的形势下,随州专汽的产量逆市上扬,达到16万辆,产值逾500亿元。通过产业链的扩张裂变,随州的"专汽长廊"约30公里纵贯全程,专用车公告内品种约占全国总量的80%,专用车产量约占全国总量的10%。

随州市的安全应急产品主要包括消防处置、监测预警、应急服务,以及处置救援等,涉及领域有危化品应急救援车、消防车、应急抢险车、高空作业车、铲雪车、清障车等上百种应急专用车。在专用车领域,随州不断发展壮大,目前已拥有整车资质企业3家,规模以上专用车及零部件生产企业120家,全产业链销售收入总计约600亿元。随州高新区的移动应急装备创新产业集群成功入选国家科技部火炬中心发布的2021年年度创新型产业集群试点(培育),高新区的安全应急产业由此

第十七章 随州市应急产业基地

迎来重大契机。在抗击新冠肺炎疫情期间，随州专汽企业及时推出负压救护车、疫情消毒车、医疗废弃物转运车、核酸取样检测车、应急抢险车等紧缺产品，为湖北省乃至全国抗击新冠肺炎疫情做出了突出贡献。

第二节 园区特色

一、政策支持助发展

湖北省委、省政府对应急产业发展高度重视，出台了一系列政策予以支持，已将应急产业纳入全省工业、战略性的新兴产业，以及科技发展等重点培育计划。随州作为国家首批应急产业示范基地，拥有良好的产业发展基础。近年来，随州相继成立国家级专用汽车和应急装备检测研发基地，以及省应急产业技术研究院等重点项目，积极抢抓应急产业的"风口"，通过加快产业相关技术创新、成果转化，着力打造千亿级产业集群。此外，随州专门成立应急产业发展领导小组，相继出台《随州应急产业发展规划》《随州市应急产业基地建设实施方案》，以汽车机械专用汽车、新材料、生物医药、电子信息四大产业为主要支撑，以制造业与服务业融合、产城融合、两化融合为主要方向，以随县、随州高新区、曾都区、广水市为核心阵地，多产业共同参与，助力随州安全应急产业健康快速发展，全力打造国家级优质安全应急产业示范基地及华中应急救援服务保障中心。

二、持续创新赋活力

近年来，随州不断加大安全应急产业的创新投入，其中，随州高新区应急企业研发投入占营销盈利的3%以上，江南专汽、三峰透平等企业研发投入占比则达到5%以上。在应急专用车领域，随州已获得300多项专利，金龙集团、齐星车身、超洁汽车、泰晶科技、大方精密机电、永阳防水、茂鑫胶带、双雄催化8家企业共参与了14个产品国家及行业标准的制定。位于随州高新区的专汽企业楚胜汽车是油罐车和清障车细分领域的隐形冠军，近两年的公司专项创新研发投入占销售收入的3.5%，应急产品领域的技术研发投入资金超过其他产品的3倍，在抢险救护车和冷链疫苗车的研发产品获得了市场的高度认可，目前，该公司正在大力研发的路轨消防车一旦投产，将填补国内空白。

三、校地合作促升级

随州着力根据企业发展需求，有效地将校企合作、校地合作新模式作为促进随州高新区安全应急产业升级发展的重要引擎。随州高新区已拥有校企共建研发中心 11 个。其中，程力汽车与随州武汉理工大学工业研究院合作，研究院研制的科技含量极高的高机动性移动通信指挥车，由程力汽车负责生产完成。同时，随州还开启了市校合作平台，与中南财经政法大学、华中科技大学、武汉理工大学等国内高校、研究院所、相关政府部门强强联手，极大地调动科研技术人员创新研发的积极性。通过持续健全完善应急产业的创新平台，实现了安全应急产业更好更快地联动发展。

第三节 有待改进的问题

一、产业同质化问题突出

随州应急产业总体上存在"三多三少"的现象。在产业价值链方面，低端多、高端少；在产品质量方面，"大路货"多、有科技含量的少；在产品门类方面，传统产品多、创新产品少。此外，由于同质化竞争加剧，导致产品附加值低，制约企业良性发展。随州应进一步打造特色优势和区域品牌，引导安全应急产业相关企业实现差异化发展，扶持一批全国"单项冠军"；支持相关企业实施品牌滚动的发展计划，下大力气培育一批全国知名品牌；支持行业内的龙头企业转换发展模式、更新生产设备、实施技改扩能，在智能制造方面争取突破。

二、市场主体结构待优化

随州虽然应急产业企业数量达到 430 家，但具有引领作用的骨干龙头企业数量较少。同时，行业配套水平不高，缺乏核心竞争力强、产业集中度高、在行业内领先的"独角兽"型企业。此外，部分企业的自主创新能力不强，产品的技术含量较低，如专用汽车在无人化、智能化、轻量化，以及多动能、高动能、全地形方面仍存在短板，由于企业认识不到位，存在不敢创新、不愿创新的问题。随州应强化安全应急产业的技术研发和市场研究，引导有条件、有实力的企业组建研发团队和科研中心，同时引导企业着力攻克应急救援产品及服务的薄弱点，加强与国内外高等院校及科研院所合作，争取在多功能、高机动等关键技术上有所突破。

三、人才及资金面临短缺

目前，随州在安全应急专用汽车领域的人才面临"两头缺"的难题，一方面缺少高端人才与实用型人才，另一方面存在企业用工难的问题。同时，一些安全应急产业中小企业资金短缺，现金流普遍紧缺，由于信贷担保难、融资渠道窄，导致发展后劲明显不足。针对以上问题，随州应当进一步完善基础配套，通过规划引领来夯实安全应急产业基础，通过财税政策给予中小企业优惠，通过创新投融资手段缓解企业资金问题，通过建立人才培训中心、安全应急产业云平台等，促进产业高质量发展。此外，加强随州与其他示范基地交流合作，实现资源共享、优势互补。

第十八章

德阳经开区应急产业基地

第一节 园区概况

德阳市是四川省发展安全应急产业的桥头堡,作为国家"一带一路"倡议的重要节点城市,是成渝地区双城经济圈成都极核的重要组成部分,也是中国重大技术装备制造业基地,有"重装之都"的美誉。德阳市主要依托德阳国家经济技术开发区(以下简称"德阳经开区")建设发展应急产业基地。德阳经开区立足于"工业立区、科技兴区、统筹强区"的发展宗旨,以发展新装备、新材料、新能源产业和现代化服务业为重点,工业基础雄厚,制造能力较强,产业优势明显,关键技术领先,已形成以装备制造业为主,以建材业、轻纺化为辅的产业结构。德阳经开区不仅集聚了中国重装产品,同时也储备了重装制造的专业人才和雄厚资源,为安全应急产业基地的发展奠定了重要基础。2017 年,德阳经开区应急产业基地获批成为第二批国家应急产业示范基地,德阳成为四川首个入选城市。

德阳市经开区应急产业基地着眼于防灾、减灾、救灾和应急救援能力建设的现实需求、基于德阳应急产业发展的优势条件和基础,以预警预测、预防防护、救援处置、低空应急救援为安全应急产业重点发展方向,将关键基础设施保护、低空应急救援、大功率铝空燃料电池应急供电和国际地震地质灾害教育培训演练等产业为突破口,以三大应急产业带和一个应急产业国际交流平台为核心,构建具有德阳特色的安全应急产业体系。即以德阳经开区为依托建设的关键基础设施应急装备与服务产业带，以德阳高新区—广汉市—什邡市为依托建设的西部低空飞机救援应急服务产业带，以汉旺—穿心店地震遗址保护区为依托建设的国际地震地质灾害教育培训演练应急产业带，以汉旺论坛为依托建设的应急产业国际交流与合作平台。总体来看，德阳市已逐渐形成创新驱动、高端引领、带动周边、辐射我国西部及南亚发展中国家和区域的应急产业发展格局。

第二节　园区特色

一、政策助力应急产业快速发展

在创建国家级示范基地时期，德阳市政府大力支持应急产业发展，积极成立德阳市国家应急产业示范基地建设工作领导小组，并将应急产业明确为重点发展的新兴产业之一，列入德阳市工业"十三五"发展规划。2017年，四川省德阳市人民政府发布了《关于加快德阳市应急产业发展的实施意见》，要求将应急产业作为新的经济增长点加以重点培育，重点培育预警预测、预防防护、救援处置、低空应急救援领域。在获批国家应急产业示范基地后，2018年，德阳市政府出台《德阳市国家应急产业示范基地培育与发展三年行动计划（2018—2020年）》，宣布了将建设三个应急产业带和一个国际交流平台。2020年3月，德阳市印发《德阳市国家应急产业示范基地培育与发展三年行动计划（2019—2021年）》和《德阳市应急产业发展规划（2019—2023年）》，明确了德阳市发展安全应急产业的总体思路、发展目标、重点任务和保障措施，同年5月德阳市颁布了《德阳市支持国家应急产业示范基地建设的若干政策》（以下简称《若干政策》），旨在通过系列优惠政策，鼓励应急产业企业入驻。通过发挥集群效应，推动德阳市国家应急产业示范基地进一步做大做强。2021年，德阳市人民政府办公室对《若干政策》进行修订，在"支持企业入驻应急产业带"和"强化产品服务支持"方面进行强化。

二、产业基础扎实形成鲜明特色

德阳市在地震地质灾害应急救援方面，有良好的重工业产业基础和技术积淀。目前，德阳基本形成低空飞行救援、特种救援装备制造、国际地震地质灾害教育培训演练、国际应急交流平台的"3+1"产业格局，拥有超过 100 家应急企业、50 余家骨干企业。打造了一批国内外有影响力的应急产业品牌，形成了以西林凤腾、唯觉、鑫利达等 20 余家工业企业，工业地震遗址和汉旺论坛等为代表的应急产业基地建设基础。在救援装备制造方面，德阳以"三大院"（中石油川庆钻探安全环保质量监督检测研究院、中石油西南油气田工程技术研究院、中石油川庆钻探钻采技术研究院）为产业源头及技术支撑，形成了以四川宏华、宝石机械等龙头企业为引领，精控阀门等近 300 家关联企业共生发展的油气装备制造产业集群，可制造预警设施和重型救援装备等。在航空装备方面，德阳市拥有航空零部件生产企业 17 家、航空材料生产企业 10 家，航空器研发制造和配套产业体系较为完善。在应急救援方面，低空应急救援是德阳应急产业最具特色的部分之一。依托通航基础优势，德阳市着力发展应急低空救援能力，目前已拥有多家民用直升机航空公司和若干个直升机集结地，可为我国西部地区突发重特大灾害提供应急救援服务。同时，依托中国民航飞行学院开展飞行员培训，德阳已成为全球飞行训练规模最大、训练能力最强的飞行员培训基地，低空应急救援人才基础充沛。在医疗救援方面，德阳拥有国内唯一一家开展核安全和核应急药物支持的企业——泰华堂，该企业拥有 11 项国家发明专利、3 个国家新药、2 个国家中药保护品种。

三、产业配套及服务体系全面

德阳市政府积极推进应急产业发展，不断完善优化产业配套服务。在资金保障方面，德阳市特别设立应急产业发展专项资金来支持应急产业重点项目，尤其重视市场前景好、具有良好经济效益和社会效益并经主管部门审批认可的技术改造和重大产业化项目，从而有效促进企业创新发展和转型升级。在服务平台方面，通过增强服务意识、贴近企业需求、细化服务内容、主动走访调研企业，提前了解和掌握企业发展动态，进一步延伸政府的服务功能。在服务过程中落实专人服务，鼓励流程提速。实行联络员制度，为企业提供业务申请受理、咨询、指导、联系、协调等相关全过程服务。在人才方面，德阳市深入实施人才优先发展战略,创新完善人才工作体制机制,积极构筑人才政策高地,大力培养和引进应急产业领域高层次人才和创新团队。通过创新校企订单式人才培养、联合培养模式,建设企业化人才基地和高校实训基地。同时,建设人才资源信息网络和数据库,搭建人才交流网络和服务平台。

第三节 有待改进的问题

德阳经开区应急产业基地具有优异的政策基础、产业基础、产业配套和服务体系等,但在大力推进发展的过程中仍存在一些突出问题,主要体现在以下方面:

一是安全应急产业发展顶层规划仍需进一步完善。随着新冠肺炎疫情形势的持续和我国新能源、新材料等新兴产业的快速发展,我国安全应急保障需求也在不断变化和提升,因此安全应急产业政策环境仍需持续优化、细化和完善。

二是研发基础相对薄弱,科技创新动力不足。德阳经开区应急产业集中在产品制造环节,产品附加值相对较低、企业研发投入少,缺乏国家重点高校、行业内重要研究机构和大型企业研发机构等方面的有力支撑,缺乏复合型安全应急产业高端人才。

三是产品智能化水平有待提升。园区安全应急产业主要以工程机械装备的制造为主,与互联网、大数据及人工智能等信息技术融合度不足,推动制造装备数字化、网络化、智能化升级改造工作的动力不足。

第十九章

唐山市开平应急装备产业园

第一节 园区概况

唐山市以深化应急装备产业供给侧结构性改革为主线，以提升科技创新能力为动力，加强政策引导和财税支持力度，充分发挥优势、破解短板、突出重点，聚力打造国家级现代应急装备产业基地，全力推动智能救援装备、监测预警装备、工程抢险装备、应急防护装备和工程消能减震装备五大特色应急装备产业率先发展，健全完善地震灾害监测预警、灾害应急救援物资供应、特色专业应急抢险救援服务、灾后心理康复疏导四大辅助体系。目前，唐山市应急装备产业涉及自然灾害防护、事故灾难救援、社会安全、现场保障、生命救护、抢险救援、个体防护、设备设施防护八大类，产品100余项，拥有160余家安全应急装备相关企业，实现了对工业和信息化部《应急产业培育与发展行动计划（2017—2019年）》13类标志性应急产品和服务的全覆盖，以及应急预防、监测预警、处置救援的全产业链发展。其中，唐山的消防特种机器人、巡检机器人国内市场占有率达70%以上。

2019年12月，河北省唐山开平应急装备产业园作为唐山的六大应急产业园之一，被评为第三批国家应急产业示范基地。近年来，开平区依托精品钢铁、装备制造两大主导产业做大做强，加快推动应急装备产业的壮大发展。目前，全区已拥有8家应急装备企业，22项应急产业专利技术，30余种自主知识产权产品，形成了工程机械、精品板材、线材、管材等一系列优势产品。作为唐山打造国家级现代应急装备产基地的主要承载平台，开平区以发展起重、挖掘、钻凿等特种救援机械和矿山安全监控设备为重点，着力打造重型机械应急装备、现代智能应急装备、城市公共安全装备、应急安全防护装备、应急救援综合服务六大应急产业板块，为唐山应急产业倍增提质，加快形成立足京津冀、辐射全国、面向国际的现代应急装备产业体系布局提供有力支撑。

第二节　园区特色

一、注重京津冀协同发展

唐山市开平应急装备产业园致力于成为京津冀重要的应急装备产业聚集区和创新成果转化承载地。2020年9月，"京津冀应急产业对接活动"在唐山市成功举办。该活动以"协同创新、融合发展、打造京津冀应急产业新高地"为主题，拉开了京津冀三地应急产业政府机构、社会组织、园区、企业间多元深度对接合作的序幕，京津冀三地今后将在产业链条打造、创新链条协同、应急服务推广、市场培育拓展、国际交流合作等方面开展多层次、全方位对接，致力于打造应急产业区域合作新模式、产业协同发展新样板，加快构建"京津研发转化+河北制造"的应急产业跨区域协同发展体系。京津冀还签署了《进一步加强应急产业合作备忘录》，并发布产业对接需求。

二、大力推动智慧应急发展

唐山市积极推动智慧应急产业发展，以科技创新为核心，以装备智能化为关键，主攻智慧应急、智能制造方向，全力打造国家级现代应急装备产业基地，推动产品制造由低端粗放向智能高端品牌化发力，现代应急装备产业发展呈现提速扩量、提质升级的强劲态势。唐山开平应急装备产业园重点发展起重、钻凿、挖掘等特种救援机械和矿山安全监控设备，建设基于物联网的煤矿安全工程产业体系，从而打造现代智能应急装备板块，立足中滦科技等物联网创新企业既有基础，通过加快与华为公司搭建智慧应急产业招商合作平台，打造矿山智能监控预警系统设备制造基地和唐山应急智能装备研发中心。

三、积极搭建应急产业宣传平台

唐山市通过举办年度"中国·唐山国际应急产业大会",大力宣传唐山应急产业品牌,提升唐山应急产业知名度,打响"应急产品唐山造"品牌,打造展洽交流平台,推动应急产业高质量发展。自 2019 年以来,唐山市已连续举办三届国际应急产业大会。2021 年 7 月,"2021 中国·唐山国际应急产业大会"成功举办,大会设置主旨论坛、应急产品展、应急技术成果对接会、应急产业招商洽谈会四大主题活动,"以会带展""以展促会"的形式邀请应急相关政府部门、国内外应急专家、应急企业、应急联盟、科研院所等齐聚唐山,就防灾减灾、技术进步做交流探讨,促进产、学、研、用融合发展,同时积极推动了新技术交流、新产品展示销售和新项目落地,助力唐山市乃至河北省应急产业发展和应急产业示范基地建设。

四、支撑配套政策全面

为推进应急产业发展,近年来唐山市坚持把应急产业列入重点发展的十二大产业之一,编制《唐山市现代应急装备产业发展规划(2019—2023)》和《唐山市现代应急装备产业高质量发展规划(2021—2025)》以及相关配套工作方案和支持政策。为激发应急装备企业创新创业潜能,唐山市出台《推进环渤海地区新型工业化基地建设 40 条支持政策》,在唐山投资的应急装备企业,在享受"工业 40 条"普惠政策的同时,还可以享受具有精准性的组合型政策供给,享受定制化服务,获得更具含金量、含新量的资金、项目、市场等方面的支持。

第三节 有待改进的问题

近几年,唐山市开平应急装备产业园建设不断加强,发展速度较快,但仍存在诸多问题有待改进。突出表现在:一是仍需加快推进产业延链、集聚步伐,目前产业园虽然拥有一批像住友、军拓鸿顺安防、中溁科技等安全应急产业领军企业,但进入产业园区的企业存在区域分散、产品品类分散的状态,还未完全形成区位优势和产业集群的发展格局,龙头带动作用不强,产业链纵向延伸和横向联动发展模式尚未形成,也未形成完整的特色应急产业集群;二是科技研发潜力尚未充分激活,开平应急产业基地内大部分企业处于科技研发的被动状态,科技研发投入不足,产品核心竞争力不高。具有针对性的安全应急产业研发平台、推广应用平台尚需完善,产学研用协调机制还有待探索。

第二十章

怀安安全应急装备产业基地

第一节　园区概况

河北怀安经济开发区（以下简称"怀安经开区"）位于河北省张家口市怀安县，2016年8月经河北省人民政府批准，由原张家口南山经济开发区和河北怀安工业园两个省级园区合并而来。近年来，怀安经开区依托汽车产业等六大产业发展优势，在车辆专用安全生产装备、矿山专用安全生产装备等领域初步形成了安全应急产业集聚，产业规模稳步增长。截至2021年年底，怀安经开区安全应急产业规模约为62亿元，规模以上企业超过60家。目前，怀安经开区加快推进国家应急产业（怀安）示范基地建设，重点推进应急培训实训演练中心和科技展示中心等一批项目的建设进度，着力打造立足张家口、服务京津冀晋蒙和辐射全国的一带（应急装备研发与制造、区域应急物资储备）、两园（应急服务示范园区、应急文化传播园区）、三平台（国家应急科技成果转化与产业孵化平台、应急物资统筹调度服务平台、国家应急技术创新平台），提升安全应急产业整体水平。

第二节　园区特色

一、区位优势带动产业辐射

张家口地处京、冀、晋、蒙四省区市交界处，是连接西北、华北、东北三大市场的重要物资集散地，依托京津地区大型企业的技术优势，接受资金、人才、信息等多种要素的直接辐射。同时，发达的现代交通网络让怀安融入了首都一小时经济圈。怀安县距首都北京218公里，天津新港350多公里，内蒙古呼和浩特280公里，山西大同120公里，车程均在1至3小时之内，成为连接东、西、南、北的枢纽，处于区域经济发展的核心地带。随着京津冀协同发展战略的实施和京张联合承办2022年冬奥会的推进，怀安作为连接京津和中国大西北的枢纽功能将会日益凸显。依托怀安县六大产业优势，整合张家口及河北省装备制造资源，大力引进安全应急产业上下游产业链项目，培育应急装备制造产业集群，采用"分布式布局"建设车辆专用安全生产装备、消防、矿山救援抢险装备、监测预警装备等生产制造产业基地。承接产业转移，积极构建京津研发+张家口制造的安全应急产业跨区域协同发展体系。

二、发挥特色优势打造产业集群

立足怀安县的区位、交通、产业基础、政策和成本、服务功能等优势，以"立足张家口、服务京津冀、辐射全国"为方向，以国家级应急产业示范基地为引擎，重点发展车辆专用安全生产装备，推动产业协同，完善产业链条。并且，以怀安应急产业示范基地为载体，辐射带动周边发展，重点发展和打造宣化区、高新区高端装备制造产业集群，怀来县无人机产业集群，经开区、高新区生物医药产业集群，涿鹿县火灾自动报警设备产业集群，经开区、宣化区、怀来县应急防护产业集群等，加快形成了上下游企业配套、创业服务机构健全、关联企业相互协作支撑的产业格局。在保障产业结构高层次发展的基础上，快速扩大产业规模，打造特色鲜明、协同发展的安全应急产业示范核心区。

三、高端安全应急服务产业成为亮点

怀安县充分运用大数据、"互联网+"等信息化手段，构建多种形式的新型应急服务保障体系。在安全应急培训演练方面，依托中安三秒应急安全产业公司项目，加快开发引进应急演练相关产品和服务。积极建设怀安公共安全教育体验馆，开展公共安全技能培训。在应急电商平台建设方面，开发、运营了河北应急网和河北应急资源网2个综合门户网站；依托"京津冀应急装备及科技成果网络交易平台""京津冀应急产业对接平台"，推广应急产品企业的先进技术装备。持续发展应急企业"品牌日""总裁带货"系列推广活动。在高精度应急监测预警系统方面，依托中防通用河北电信技术有限公司等，以安全物联网领域的远程智能监控系统为方向，重点发展了技术领先的数字操作终端、智能通信监控终端、光纤在线监测设备和高性能监控设备。

第三节　有待改进的问题

一、产业规模整体偏小

怀安县安全应急产业总体水平仍属于起步阶段，应急产业保障支撑能力与区域应急需求不够匹配。特别是与动辄上千亿元的汽车产业相比，怀安县安全应急产业基地的销售收入偏低，且大多数是装备制造产品的销售收入，与之相配套的安全应急服务收入占比较小，未形成规模。虽然已引进和培育了以中防通用、中安三秒、中安众博等为代表的一批应急产业领域企业，但是产业整体产值规模较小，辐射带动作用较弱。

二、财政扶持力度有限

为加快基地发展建设，怀安县委、县政府成立了应急产业发展领导小组，出台了相关支持政策，但因资源与财力有限，效果不够明显。特别是在强化财税政策保障方面，安全应急产业尚未纳入现有财税扶持政策支持范畴，未及时出台适用于先进安全应急装备、产品、服务、模式推广的专项扶持政策。在强化资金保障方面，急需创新投融资机制，支持设立细分行业或地方安全产业发展投资基金，进一步拓宽安全应急产业的融资渠道。

三、龙头企业培植力度不大

怀安县汽车产业基础雄厚，吉利领克整车、沃尔沃发动机等为当地发展较好、规模较大的龙头企业,但存在装备制造业优势产能和产品资源尚未充分转化为现代应急装备制造产能,龙头引领带动能力不强,产业链、创新链、价值链体系不完备,应急产品生产配套能力较弱,技术含量、附加值相对较低,高端化、系列化、成套化先进应急装备匮乏等问题。特别是兼并重组上下游关联企业、产值超过 50 亿元的应急产业骨干企业的培育力度不大。

企 业 篇

第二十一章

杭州海康威视数字技术股份有限公司

第一节 企业概况

一、发展历程与现状

杭州海康威视数字技术股份有限公司（以下简称"海康威视"），是全球安防领域的龙头企业，作为以视频为核心的智能物联网解决方案和大数据服务提供商，其业务聚焦于综合安防、大数据服务和智慧业务，为公共服务领域用户、企事业用户和中小企业用户提供服务，致力于构筑云边融合、物信融合、数智融合的智慧城市和数字化企业。在综合安防领域，根据 Omdia 报告，海康威视连续 8 年蝉联视频监控行业全球第一，拥有全球视频监控市场份额的 24.1%。在《安全自动化》公布的"全球安防 50 强"榜单中，海康威视连续 4 年蝉联第一位。

海康威视成立于 2001 年，于 2010 年上市，随着安防技术的发展，该公司经历了从硬件到解决方案，经过了看得见—看得清—看得懂的三个阶段性变革。

第一阶段（2001—2010 年）：该公司主要以硬件产品为主，从最初以编解码技术为起点，销售 DVR 及卡板等后端产品，到视频监控等前端及中心控制产品转移、产品数字化转型、视频监控全系列产品布局。

第二阶段（2011—2014 年）：该公司上市后，以网络化、高清化为技术路线，前端视频产品增加，以行业解决方案为主的业务布局铺开，立足于用统一平台对不同视频监控系统进行集成和协同防范。

第三阶段（2015—2020年）：2015年该公司发布AI产品系列，以智能化为技术路线，率先实现产品AI化、智能物联；2017年发布AI cloud，2018年推出物信融合，之后引入云计算、物联网、大数据、AI等新兴技术，立足于对视频内容进行分析，输出与场景需求相关的信息，该公司由此全面向安防智能化升级转型，开拓业务增量空间。

二、财年收入

该公司的收入和利润规模增长稳定，明显好于行业同类公司，龙头优势明显。2021年，海康威视实现营业收入814.20亿元，同比增长28.21%；实现净利润168亿元，同比增长25.51%；研发投入达82.52亿元，同比增长29.36%。分产品来看，2021年海康威视的营业收入中，主业产品及服务收入651.46亿元，同比增长16.91%，占营业收入的80.01%；建造工程收入40.04亿元，同比增长148.03%；智能家居业务收入39.48亿元，同比增长35.27%。分地区来看，2021年，海康威视境内营业收入594.34亿元，同比增长29.75%，占比73%；境外营业收入219.85亿元，同比增长24.23%，占比27%。

海康威视2017—2021年财务情况见表21-1。

表21-1 海康威视2017—2021年财务情况

财年（年）	营业收入情况		净利润情况	
	营业收入（亿元）	增长率（%）	净利润（亿元）	增长率（%）
2017	419	31.2	94	26.3
2018	498	18.9	114	21.3
2019	577	15.9	124	8.77
2020	635	10.1	134	8.06
2021	813	28.0	168	25.39

数据来源：赛迪智库整理，2022.04。

第二十一章 杭州海康威视数字技术股份有限公司

第二节 代表性安全产品

2021年1月,海康威视宣布分拆所属子公司杭州萤石网络有限公司(以下简称"萤石网络")至科创板上市的预案。萤石网络的主营业务是to C端,为智能家居等相关行业提供用于管理物联网设备的开放式云平台服务,以及智能家居摄像机、智能控制和智能服务机器人等智能家居产品的设计、研发、生产和销售。

萤石网络定位为智能家居产品和云平台服务提供商,形成了"1+4+N"的产品和业务体系,其中,1代表云平台服务,4代表智能家居摄像机、智能控制和智能服务机器人等该公司主要的智能家居产品,N代表该公司生态体系中的其他智能家居产品,包括智能新风、智能净水、智能手环、儿童手表等。2021年,萤石网络实现智能家居业务收入39.48亿元,同比增长35.27%。

海康威视主要代表性安全产品如下:

海康机器人:海康机器人以视觉感知、AI和导航控制等技术为核心,在移动机器人、机器视觉领域深耕投入,推动生产、物流的数字化和智能化。

海康智慧存储:公司致力于提供专业的产品及数据存储解决方案,推出智慧存储卡、SSD固态硬盘、私有网盘等多种形态,各类产品支持宽温、掉电保护、视频流均衡算法、读写密集需求等功能,应用于终端消费、轨道交通、工业控制、视频监控等各个领域。

海康睿影:聚焦于以X光为核心的非可见光探测领域,致力于非可见光探测设备的产品研发、生产制造及销售服务。凭借先进的成像技术、基于AI的图像识别技术、物联技术,持续探索非可见光探测在智慧安检、食品生产、工业制造等领域的深度应用。

海康微影:海康微影主要作为海康威视的原材料供应商,以红外热成像技术为核心,立足于MEMS技术,面向全球提供核心器件、机芯、模组、红外热像仪产品和整体解决方案。目前,海康微影自建一条自主可控的8英寸MEMS生产线和封装线,具备年产晶圆1万片、探测器百万颗的生产能力,可向市场持续、稳定、规模化地供应产品。

海康汽车电子：海康汽车电子业务聚焦于智能驾驶领域，以视频传感器为核心，结合雷达、AI、感知数据分析与处理等技术，致力于成为行业领先的以视频技术为核心的车辆安全和智能化产品供应商，全面服务国内外乘用车、商用车客户以及各级消费者和行业用户。当前，海康汽车电子持续深耕上汽乘用车、吉利汽车、长安汽车、长城汽车等自主品牌头部客户，乘用车前装业务实现了一倍的增长。

海康消防：公司致力于消防整体解决方案的研发、生产、销售和运营服务。借助消防体制和执法改革、消防市场逐步开放、技术标准和规范逐步修订的契机，海康消防在智慧消防、传统消防和消防运营等领域快速布局。

海康慧影：公司致力于微型视觉和音视频云互动的技术研发，结合专业场景下的成像、视频分析、音视频传输等相关技术，为医疗、教育及其他行业提供专业的软硬件系统方案。

第三节　企业发展战略

一、由点到面技术升级，软硬结合

在硬件产品方面，全面智能化，抢抓单点技术红利。作为公司的业务强项，网络化、智能化技术带来了产品价值提升，公司从节点全面感知、域端场景智能、中心智能存算入手，实现了硬件产品整体智能化。在软件配套方面，公司软件产品家族包括软件平台、智能算法、数据模型和业务服务四个部分。基于物信融合数据资源平台提供的大数据采集、治理、分析和服务能力，积累行业业务数据模型，基于模型仓库进行管理，并可在其他同类应用场景进行复制应用和优化。

二、客户群整合优化，解决差异化痛点

由于客户分散，场景零碎，公司在 2018 年进行业务架构重组，整合资源，将国内业务分为公共服务事业群（PBG）、企事业事业群（EBG）、中小企业事业群（SMBG）三个业务群。通过事业群整合，针对不同客户的特点进行业务发展，同时客户解决方案的数据池积累效率高，使得

know-how 的经验累积有逻辑可循,最终有效针对客户痛点提出解决方案。

三、加强规模优势,降本增效显著

传统安防产品护城河是建立在规模化生产的难度上,而维持护城河的就是各个品类的庞大销量。销售规模越大,规模化生产的难度就会越低,从而成本就会更低,就可以留出更多的利润空间进行渠道铺设、生产研发,所以领头企业的竞争优势就会越发明显。此外,海康通过大部分自产减少外协加工以及多年建立的销售渠道,其传统硬件产品规模优势明显,相比排名第二位的大华亦体现出优势。

四、发展前置抢先机,创新业务多点开花

海康威视的业务发展不断带来新的技术沉淀,以视频技术为基础的萤石网络、海康机器人、海康汽车电子、海康智慧存储、海康微影、海康消防等新业务渐次打开局面,创新业务正在成为公司增长的重要驱动力。

第二十二章

徐工集团工程机械股份有限公司

第一节 企业概况

一、企业介绍

徐工集团工程机械股份有限公司隶属工程机械行业。1993年6月15日经江苏省体改委〔1993〕230号文批准,由其所属的工程机械厂、装载机厂和营销公司等经评估确认后组建了定向募集股份有限公司,并于1993年12月15日注册成立了徐工集团工程机械股份有限公司(以下简称"徐工机械""徐工",股票代码:000425)。公司是中国工程机械行业的龙头企业,在国内所属领域主营业务收入排名位居前三,是行业制造商中产品品种与系列最多元化、最齐全的公司之一,不仅制定或参与制定了多项国家和行业标准,产品创新能力领先,零部件制造体系完善。

公司不仅拥有工程机械类优质产品、提供优质服务,而且为客户提供周到全面的系统化最佳解决方案,产品类别包括工程起重、铲土运输、压实、路面、混凝土、消防以及其他工程等机械,其中核心产品有汽车起重机、随车起重机、压路机、沥青混凝土摊铺机、平地机、冷铣刨机、举高喷射消防车以及工程机械液压件等多项零部件产品,在国内市场占有率保持领先。集团拥有全球营销网络,是我国该领域最大的工程机械出口商之一,其中汽车起重机、压路机、平地机等多项产品出口市场份额保持第一。

二、财年收入

徐工集团工程机械股份有限公司近几年财务情况见表22-1。

表22-1 徐工集团工程机械股份有限公司近几年财务情况

财年（年）	营业收入情况		净利润情况	
	营业收入（亿元）	增长率（%）	净利润（亿元）	增长率（%）
2018	444	52.6	20.05	96.6
2019	592	33.25%	36.2	76.98%
2020	740	25	37.3	2.99
2021	843	14.01%	56.15	50.57%

数据来源：赛迪智库整理，2022.04。

第二节 代表性安全产品/技术/装备/服务

一、主营业务

公司主营起重机、铲运机、压实机、路面机、桩工机、消防机、环卫机和其他工程等机械备件的研发、制造、销售和服务一条龙产品。其中轮式起重机市场占有率全球第一，其他核心产品如随车起重机、履带起重机、压路机、平地机、摊铺机、水平定向钻机、旋挖钻机、举高类消防车、桥梁检测车等市场占有率稳居国内第一。

工程机械是我国的朝阳产业，因为工程机械产业不仅拥有坚实的基础，在竞争环境中生命力强劲，而且工程机械产业在我国仍具有极大的机遇，在国际市场、高端市场未来前景相当可观。工程机械领域历来竞争激烈，行业结构呈现以下特点：一是行业市场份额的集中度呈持续提升态势，龙头企业市场地位愈发突显；二是龙头企业适应市场需求积极延伸产品线，产品呈多元化发展，有效满足了工程大型化对全系列产品的需求；三是产品呈现轻量化、智能化、无人化、节能环保等特质，引领行业未来发展方向；四是行业龙头企业的核心零部件日趋完善，具有完整的产业链，为产业链安全提供保障，在日益激烈的市场竞争中凸显强劲优势。

二、重点技术和产品介绍

抢险救援产业已列入徐工机械"十四五"规划发展的十大战略新产业。旗下的徐工消防大力发展消防车和高空作业平台，发展势头迅猛。公司新兴产业布局在实战中日臻完善。举升类消防车、臂架类高空作业平台等消防产品稳居领域第一，盈利能力稳固提升。

积极响应国家"全灾种、大应急"体系建设号召，2022年，徐工消防领域紧盯消防新技术、新材料等在新领域的推广应用，大力拓展细分市场，努力探索多维度、多模式的深度合作可能。加强应急救援产品市场的适应及推广力度，以满足客户需求为宗旨，整合一切可利用资源，把握市场先机，加快应急救援产品拓展步伐，夯实消防车市场所占据的优势地位及举高类消防车的绝对霸主地位，公司所生产的举高类消防车在国内市场的占有率始终保持行业第一。2021年是徐工消防系统谋划消防应急救援产业布局的一年，聚焦市场需求，致力于装备技术研发和智能制造升级，倾力打造一支专业化、数字化、系列化、成套化的集研发制造为一体的过硬队伍，力争各类产品能很好地满足各地消防应急救援的个性化需求，其中举高类消防车屡创佳绩，创历年最好业绩，完成了应急救援细分领域销售的历史性突破，高质量发展的强大动能给集团发展带来勃勃生机。公司举高类消防车中主力产品有35米级举高喷射消防车、34米级和54米级登高平台消防车，更好地满足我国六排放要求，是城镇、矿山、油田及工厂等中高层建筑火灾救援的精良装备。

公司创新生产的高空作业平台全系产品已获得欧洲CE认证，热销机型获得北美ANSI认证及澳洲AS/NZS1418的认证。300余台徐工集团高空作业平台于2022年3月1日走向世界，产品出口海外高端市场，标志着了中国智造技术赢得全球高端市场的认可。

公司机械起重机板块处于领先位置，移动式起重机仍然保持全球第一地位，起重机械也跻身全球第一，500吨以上履带吊市场占有率在原有基础上提升了9个百分点；中大装市场占有率在原有基础上提升了3个百分点，高端产品出口率突破30%，牢牢占据本行业出口第一位置；桩工机械稳居全球领先位置，水平定向钻占据全球第一的位置；压路机、平地机、摊铺机、铣刨机等产品的市场占有率持续上升，道路机械进位全球第三。

徐工机械在安全应急产业领域部分业务内容，见表22-2。

表22-2　徐工机械在安全应急产业领域部分业务内容

业务名称	服务内容
消防安全	徐工登高平台消防车在国内市场的占有率已经突破65%，在国家重大火灾抢险中冲锋在第一线，在抢救国家与人民生命财产的战斗中屡立战功；公司生产的全球最高百米级登高平台消防车已批量出口非洲
矿山及地下空间施工安全	依托超过6000名的研发人员体系，以及在德国、美国、巴西等国家形成的全球区域性研发中心专家力量，徐工完成了系列超大吨位矿山挖掘机、大型矿卡的开发并通过工业考核；超大吨位挖掘机、240吨电传动自卸车等在国内大型矿山应用，以稳定性能和出色表现赢得客户肯定和青睐；此外，超大型矿山机械也在研制过程中。隧道及煤炭掘进机、盾构机、暗挖装备等符合国家"机械化换人、自动化减人"安全要求的大型装备已实现产业化并应用于地下重大工程
应急救援	徐工设有国家工程机械装备动员中心和华东通用机械装备动员中心，在汶川、玉树地震救援中出动55台价值4000多万元装备和77位操作机手，按抢险部队统一调度参加抢险救援，被中共中央、国务院、中央军委联合授予"全国抗震救灾英雄集体"
生产安全	徐工是全国机械工业企业安全生产先进单位，每年的安全生产投入、安全技术改造投入均分别达到数千万元和数亿元；形成了安全生产和职工职业健康管理的长效机制，安全指标处于国内外行业领先水平

数据来源：赛迪智库整理，2022.04。

第三节　企业发展战略

一、创新技术引领者

徐工机械始终秉持技术创新是企业的生命线信念，以质取胜不可动摇。首先坚守主业，使之在工程机械行业竞争中始终处于优势。徐工机械坚持以"专精特新"为发展根本，以国家安全应急产业战略布局，力争排名国内行业第一的轮式起重机、随车起重机、消防车、摊铺机等主要产品竞争优势更上一层楼，健全完善工程机械板块产业结构。其次积极搭建新板块，打造矿山装备，使之成为新的支柱产业。抓住国家发展安全应急产业的大好形势所创造的机遇，徐工机械加快向矿山机械等新产业转型力度并初见成效，大型矿山挖掘机、装载机市场占有率跃居国内首位；加快壮大高空作业机械、施工升降机、地下空间施工机械等细分产业的挖掘空间，使之成为新的增长点，大吨位矿山机械及盾构机、煤炭掘进机等装备很好的契合国家"机械化换人、自动化减人"的要求，极大地保障了国家矿山及地下空间施工安全。

二、制造+服务先行者

安全应急装备业务的展开，徐工机械一贯以客户为先，一是加强与客户沟通，详尽了解客户期望和需求。针对顾客购买决策因素多样化的特点，徐工机械对不同类型的顾客，采取大型展会调研、顾客走访、电话回访等方式准确把握顾客购买心理，通透买方市场，充分利用400热线，将顾客反馈信息储存在CRM系统，建立了顾客需求与期望数据库，归纳汇总资料便于掌握顾客心态。二是重视发现潜在顾客与市场，贯彻实施差异化策略。徐工机械分别按照区域、产品、渠道和顾客群等因素对市场进行细分，根据不同区域市场特征，一方面注重不断研发创新、改进适用不同区域的安全装备产品。另一方面对潜在顾客与市场，做好规划提前介入。那些对竞争对手具有较强地缘优势的区域，以优质产品来强化顾客关系维护，以诚信推行有针对性的营销政策，潜移默化达到扩大市场影响力的目的。

三、智能制造开拓者

随着机械行业的发展，信息化、智能化、数字化、轻量化及电动化成为行业发展不可或缺的元素，成为工程机械行业发展趋势，是行业未来发展方向。徐工机械顺应形势，在数字化转型道路上不断探索向纵深发展。遵循数字化、绿色化、国际化的战略定位，徐工机械编制了《徐工"十四五"数字化战略规划》，该规划以徐工"智造4.0"为先导，加速推进公司数字化成功转型，在行业内始终是佼佼者。在数字化研发创新领域，研发过程效率与质量提升是重点，对产品研发过程数据结构化、标准化、流程化的管理有突破贡献，开发研发项目管理、通用件管理等具有挑战的项目；公司在数字化供应链环节聚焦供应链管理"131"核心主线，率先在行业内打造徐工全球数字化供应链系统，在"3+2"系统平台落地；打造完善行业领先的工业物联网 IOT 平台，完成对 2300 余台关键设备联网、数据采集的任务，牵住关键设备综合利用率 OEE，完美实现制造过程精益管理和生产效率的大力提升；公司在后市场服务环节聚焦 X-GSS 系统的推广有效性、持续性以及优化提升度，关注外部，集成注册用户数近 16.6 万人，立足内部、建立 4 类关键数据库。建立完善维修服务知识库，利用 AR 技术搭建远程服务场景，行业数字服务交互新模式应运而生。

公司大力推动工业大数据、5G、人工智能等新一代信息技术研究与应用的实施，初见成效，X-GSS 系统独揽全国企业管理现代化创新成果一等奖。公司于 2021 年获得工信部授予的大数据产业发展试点示范项目、智能制造示范工厂单位、新一代信息技术与制造业融合发展试点示范项目；徐工集团重型机械通过国家智能制造能力成熟度四级评估，是机械行业系统性达到智能制造能力成熟度四级的唯一企业，公司在智能制造领域处于引领地位。

第二十三章

北京千方科技股份有限公司

第一节 企业概况

一、企业介绍

北京千方科技股份有限公司（以下简称"千方科技"）始创于 2000 年，是自主创业企业的佼佼者，2014 年于深圳证券交易所成功上市。千方科技深耕行业 21 年，产品和解决方案应用于全球 150 多个国家和地区、覆盖全国 31 个省市自治区和 300 多个城市，服务超过 2000 个行业头部客户，通过 2B2C 模式每天为约 3 亿人次的交通出行提供支持保障。

千方科技为国内智慧交通行业龙头企业，是国内领先的交通行业数字化解决方案提供商，致力于将交通行业客户带入数字世界。公司以助力交通行业数字化、智能化转型为使命，依托自身在交通全业务领域覆盖、云边端全栈式技术、全要素数据及全生命周期服务等方面的核心优势，提供从产品到解决方案、从硬件基础设施到软件智慧中枢、从云端大数据到出行生态的全产业链创新服务，积极打造交通行业的产业互联网平台，为交通行业客户创造价值。公司现有业务涵盖智慧交运、智慧交管、智慧高速、智慧路网、智慧民航、智慧轨交、智慧停车、智能网联、智慧社区、智慧校园等核心领域，累计成功交付中大型智慧交通项目逾 6000 个。同时，公司通过全资控股的宇视科技深度布局智能物联领域，以全景、数智、物联产品技术为核心，不断加大 AI 等创新技术研发投入，持续丰富 AIoT 产品线，深化全球化战略布局，赋能政府客户的数字化治理、企业客户的数字化转型及个人消费者的智慧化生活。2021 年，公司通过博观智能子公司和投资联陆智能深度进入人工智能赛道和智能网联域汽车电子赛道，并取得了突出的效果。

千方科技拥有前瞻性的研发体系，一贯重视技术创新对企业发展的重要意义，是国家高新技术企业、国家企业技术中心、国家技术创新示范企业，拥有交通运输部"智能交通技术与设备交通运输行业研发中心"，北京市发改委"基于互联网平台的综合交通服务与技术北京市工程实验室"、北京市发改委"车路协同自动驾驶北京市工程研究中心"等行业研发平台。公司多年持续坚持研发投入力度，在北京、杭州、天津、武汉、济南、西安、成都、重庆、兰州、郑州、广州、深圳等十多个城市形成了三院五所八中心、明确分工而又互相支撑和备份的完整研发体系，技术人员占总员工比一直保持在 50%以上，多年来在多项关键技术能力上取得持续突破。在智慧交通领域，公司利用研发优势和对行业趋势的研判，在 2021 年引领性地将全域交通解决方案升级为 2.0 版本，在全栈式技术基础上更加深入渗透客户建管养运服全生命周期服务能力，并推出了自研的智能路口完整解决方案以及动静态交通一体化的智慧停车云产品。在智能物联领域，公司自身通过改造的适合行业特点的 U-IPD 研发流程，兼顾质量与速度，不断推出新产品序列，并将产品软件统一管理平台迭代至 10.0 版本。截至 2021 年 12 月 31 日，公司累计获得国家及省级科技类（未包含品牌荣誉类）奖项 25 项，承担了国家和省部级重大专项 60 项，累计申请专利 3648 项，其中发明专利 2829 项，拥有软件著作权 1395 项，多次荣获国家技术发明二等奖、省部级特等奖，名列工信部 2020 中国软件百强企业前 30 强。

二、财年收入

北京千方科技股份有限公司近几年财务情况，见表 23-1。

表 23-1　北京千方科技股份有限公司近几年财务情况

财年（年）	营业收入情况		净利润情况	
	营业收入（亿元）	增长率（%）	净利润（亿元）	增长率（%）
2019	89.92	24.00	10.04	31.60

续表

财年（年）	营业收入情况		净利润情况	
	营业收入（亿元）	增长率（%）	净利润（亿元）	增长率（%）
2020	94.78	8.66	10.71	5.65
2021	102.81	9.15	7.24	-33.01

数据来源：北京千方科技股份有限公司年度报告，2022.04。

第二节　代表性安全产品与服务

一、人工智能算法及产品

经过多年沉淀，公司积累了大量的场景实践，包括100多种AI训练学习算法、200多种预训练模型及900多种行业算法落地，主要包括智能交通类算法、智能物联类算法、工业安全生产类算法、智能制造类算法和边侧AI Box。其中智能交通类算法主要包括交通事件检测类算法、智慧车站类算法、民航智慧机坪类算法；智慧物联类算法主要包括园区安全类算法、城市管理类算法；工业安全生产类算法主要包括安全生产类算法、智慧卸油类算法、智能矿山安全类算法、仪表识别类算法。

二、交通云及行业解决方案

千方科技交通云是依托自研aPaaS平台、云边端一体贯通的OS系统为核心基石，结合云计算、大数据、知识图谱、数字孪生等技术和能力，生成行业应用的一系列系统的集合，并以云化、服务化、容器化、平台化方式为客户提供包括行业应用、数据服务等多种形式的交通领域云服务，助力客户实现数字化管理、精细化运营、智能化服务的全面转型升级。

公司在整体交通云框架内、基于自研aPaaS平台和多年沉淀的业务智库，打造了智慧路网云、智慧交运云、智慧交管云、智慧民航云、智慧停车云、智慧轨交云等多个子行业云，形成了上百种交通行业应用，并结合这些应用、在统一技术框架内打造了一系列针对不同场景的完备解决方案。

（一）智慧路网解决方案

该方案从高速公路全路网出发，以全方位感知网络为基础，以多源数据为核心要素，以云控平台为载体，依托 2 个智慧化中台、5 大类智慧化应用，实现高速公路建、管、养、运、服全业务领域智慧提升，并探索开展高等级车路协同、混合交通流主动交通管控、（准）全天候通行等高速公路创新场景应用，推动智慧高速发展，实现"全数字基础设施建设、全要素实时监测、全路域主动管控、全车辆精准收费"的总体目标。已在黑龙江、吉林、四川等多地实现落地应用。

（二）城市交通综合治理解决方案

该方案以大数据赋能作为城市交通综合治理基础，依托"精细化+智能化"两大工程，通过路网结构优化、交通组织优化、交通工程优化、停车管理优化、慢行交通优化、公交系统优化和科技管控提升等七种治理手段，实现城市交通多个场景的综合治理，解决了交通管理中"行车堵、停车难"的痛点难点，并于 2021 年在杭州滨江区交通综合治理、北京 SKP 商业区治理等项目进行复制推广。

（三）交通安全事故预防治理解决方案

该方案结合"交通安全大数据预警管控治理平台"以及"基础交通安全提升工程"和"科技信息化提升工程"，充分发挥"大数据+交通工程"的综合治理理念，融合千方科技独有的重货定位数据和全国公路路网数据，构建大数据条件下的交通安全治理业务智库，围绕"人—车—路—环境—企业"为安全责任主体进行全要素安全评价指标体系构建，运用大数据和机器学习算法进行安全事故成因分析、评价和治理，为交通安全的精准预警防控提供科学的决策依据和技术手段，催化数据赋能、整体智治，实现管理向治理的提升，最终实现服务于城市道路、农村道路、高速道路的交通安全事故预防和减量控大。该解决方案在杭州瓜沥镇农村道路安全综合治理项目、陕西榆林市重货安全监管项目、苏州重货安全研判项目上实现快速复制和推广。

第三节　企业发展战略

数字化、智能化发展进入了高速发展阶段，现实社会与数字世界加速融合，带动世界进入万物互联的智慧新时代。千方科技坚持以大数据、人工智能、云计算为核心基础能力，坚持技术与客户需求"双驱动"，构建智慧交通与智能物联"双引擎"，并着力发展人工智能、车联网前装产品，为客户提供产品、解决方案以及基于产业互联网的创新服务，全面打通智慧交通全产业链，扎实推进智能物联创新发展，完善算法组合和车端产品布局，成为智慧交通行业的领导者、智能物联产业的领先者、人工智能与场景结合的开拓者、网联域汽车电子的技术引领者。

一、加大产品标准化力度，完善供应链能力建设

公司不断推动完成统一研发体系下的研发迁移工作，加强业务智能、数据智能等标准化模块建设，强化产品规划能力建设，不断建设和优化产品矩阵，推进自有软硬件产品比例的持续提升，加强对客户资产全生命周期服务的能力和对数字资产运营的能力；持续梳理供应链结构，整合企业资源，加强供应链管理体系建设，多措并举完善供应链智能敏捷化与高效精益化能力，强化供应链安全稳定保障和生产体系柔性化；公司将持续明确和夯实 DSTE、PRO、LTC、IFS 等流程责任体系，深化流程改革，不断提高效率和用户体验，根据市场变化不断扩大产品族系。

二、推进渠道下沉，完善销售网络布局

公司不断完善和优化全国销售网络布局，在智慧交通侧继续加大的城市业务销售网络升级、重点根据地区的合资合作体系搭建，聚焦价值区域、价值客户；在智能物联侧，坚决贯彻区域下沉和渠道下沉策略，力争在 2022 年实现国内区县市场全覆盖，同时加速海外重点区域销售布局，力争在 2022 年实现百万以上人口的国家和地区全覆盖。通过渠道扩张以及产品和服务延伸提高收入规模和增速。

三、提升核心业务经营质量，培养新战略增长点

尊重行业规律，顺应宏观环境变化，紧扣业务本质，以合理的业绩目标牵引共同奋斗，同时狠抓企业经营质量，实现核心业务利润率的持续改善，通过业绩牵引和财务约束对核心业务的共同作用，全面提升核心业务经营效率，实现公司价值的长期有效可持续增长；积极把握新市场机遇，加速推进自身人工智能能力与泛工业场景的结合、加快汽车电子在网联化智能化方面的产品打磨及客户拓展、搭建智能网联从建设到运营体系的闭环，确立转型升级先发优势，开拓第二增长曲线，保障企业长期复合成长。

四、完善人才梯队建设，持续提升赋能型组织能力

千方科技秉承"人才管理是核心竞争力"的人力资源理念，全方位发掘和培养人才，始终把人才的发展和管理作为组织发展与战略目标实现的重要支撑。通过打造完善的人才梯队，激发员工内驱力和组织活力，实现员工自我价值与事业成就感的双重提升，营造持续学习、保持竞争的组织氛围。同时，千方科技高效利用绩效管理机制，强化基于贡献的价值导向，逐步形成自我约束、自我激励的机制，推动落实公司的业务发展战略。公司秉承"以价值创造者为本"的理念，持续夯实人力资源体系机制，通过人才的选、育、用、留和企业文化建设等工作，不断激发员工工作内驱力、激活组织价值创造活力，积极推动组织变革，促进价值链持续正向循环，支持公司战略发展。

第二十四章

北京辰安科技股份有限公司

第一节 企业概况

一、企业总体情况

北京辰安科技股份有限公司（以下简称"辰安科技"）是清华大学公共安全研究院的科技成果转化单位，是一家由中国电信集团投资有限公司和轩辕集团实业开发有限责任公司主要控股的高科技企业。作为中央国有企业，辰安科技由国务院国有资产监督管理委员会控股。辰安科技于2016年7月在深交所上市，股票代码为300523。辰安科技以清华大学公共安全研究院为依托，具有较强的自主研发能力和技术优势。作为科技成果转化单位，辰安科技着力支持清华大学工程物理系公共安全学科的可持续发展，积极鼓励在校学生参与学科建设和企业发展，通过清华大学研究成果的转化和利用在校学生开展社会实践活动，从多种渠道提升公共安全服务产品的科技附加值，努力打造地方产业链。

辰安科技成立于2005年11月21日，原名为北京辰安伟业科技有限公司，原是清华大学工程物理系公共安全研究院唯一的科研成果转化单位。2005—2006年，辰安科技与清华大学共同承担了国家"十一五"科技重大支撑计划项目"国家应急平台体系关键技术研究与应用示范"项目，开展国家应急平台体系总体设计工作，并编制了国家应急平台体系技术标准与规范，为我国公共安全应急平台发展之滥觞。2007—2008年，汶川大地震时期辰安科技派出救援小组赶赴四川抗震救灾，为指挥

第二十四章 北京辰安科技股份有限公司

部应急救援提供技术支持，有力支撑了抗震抢险救援工作的展开；北京奥运会期间，辰安科技的应急指挥及通信技术对应急保障工作进行了有效支撑，获得国家与奥组委表彰；研发建设了国务院应急技术原型平台，建成并在国务院应急办部署了国家应急平台体系关键技术系统。2009—2010 年，国家应急平台上线运行，辰安科技成为全国应急平台技术支持单位，并为青海玉树地震提供了现场技术支持，实现了巨灾现场与国务院之间的远程会议。2011—2012 年，公司进行了股份制改造，公共安全研究院应急装备产业基地在合肥建成。2013—2014 年间，辰安科技进入中关村国家自主创新示范区永丰高新技术产业基地，被北京市经济信息委员会评为"北京市企业技术中心"，受北京市委托建设了"北京市物联网应急平台工程技术研究中心"和"公共安全物联网应急技术北京市工程实验室"。2015—2016 年，辰安科技在深交所上市，国家发展改革委依托辰安科技建设了"公共安全应急技术国家地方联合工程实验室"；研发并量产了城市生命线物联网监测设备，安全应急产品获批"安徽省首台首（套）重大技术装备"；合肥市城市生命线工程安全运行监测中心上线运行；相关研究成果荣获公安部科学技术一等奖、北京科学技术二等奖（2 项），"网络化应急一张图信息平台"获得中国地理信息科技进步一等奖。2017—2019 年，辰安科技承担了应急管理部信息化顶层设计工作，建成了全国重点应急资源信息管理系统，主要针对安全生产应急救援进行管理；起草了"应急管理部关于加强应急基础信息管理的通知"文件，为应急管理部开展"应急一张图"建设，项目荣获国家科学技术进步二等奖；期间，企业荣获"中国创业板上市公司价值五十强"，并购了合肥科大立安安全技术有限责任公司，成为国家首批应急产业重点联系企业。2019—2022 年，辰安科技将股份出售给了中国电信集团等，并将股权和企业控制权逐步转移至四川省国资委等，辰安科技成为国务院国资委实际控制企业之一。

辰安科技充分利用清华大学成熟的"产学研用"机制，积极对接地方政府需求，开展"政产学研用"相结合的营运模式。辰安科技在应急指挥平台关键技术、单兵指挥及实战装备等领域具有完整的自主知识产权，其安全应急核心技术取得了百余项国内外专利和软件著作权，由清华大学主持、中国标准化研究院等单位共同完成的国家级项目"应急平台体系关键技术与装备研究"荣获 2010 年度国家科学技术进步一等奖。此外，辰安科技或其相关单位还荣获"国家科学技术进步二等奖""公安部科学技术一等奖""教育部科技进步一等奖"等多个奖项。

二、经营情况

辰安科技近几年的财务情况，见表 24-1。

表 24-1　辰安科技近几年的财务情况

财年（年）	营业收入情况		净利润情况	
	营业收入（亿元）	增长率（%）	净利润（亿元）	增长率（%）
2016	5.48	32.6	0.92	0.23
2017	6.38	16.6	1.20	30.26
2018	10.3	61.4	1.78	48.03
2019	15.6	51.5	1.67	-6.21
2020	16.5	5.43	1.21	-27.83
2021	15.4	-6.71	-1.32	-209.29

数据来源：赛迪智库安全所，2022.04。

自 2019 年以来，辰安科技净利润逐年下滑，2021 年增长率为 -209.29%。2021 年全年报告期内，辰安科技董事、监事、高级管理人员报酬合计 999.01 万元，其中董事长袁宏永从公司获得的税前报酬总额 94.67 万元，副总裁、财务总监孙茂葳从公司获得的税前报酬总额 74.87 万元，副总裁、董事会秘书梁冰从公司获得的税前报酬总额 42.87 万元。在人员构成上，辰安科技以本科学历员工为绝大多数，2021 年 12 月，辰安科技本科学历 1091 人，占比 60.85%，较上年同期减少 81 人；硕士学历 335 人，占比 18.68%，较上年同期减少 28 人；博士学历 51 人，占比 2.84%，较上年同期减少 5 人；专科学历 289 人，占比 16.12，较上年同期减少 12 人；其他学历 27 人，占比 1.51%，较上年同期减少 21 人。总体来看，2021 年末，辰安科技各学历员工总数均有所下降，硕士及以上学历员工占比由 21.6%略微下降到 21.52%，存在人才流失现象。但另一方面，员工人均薪酬由 2020 年的 24.11 万元上升到 2021 年的 29.73 万元，涨幅较大，企业研发费用也大幅提升，由 2020 年的 1.04 亿元增长到 2021 年的 1.22 亿元，涨幅达 17.30%，基本恢复到了 2019 年的高位水平。辰安科技公司产品对我国开展公共安全应急响应工作具有重要意义，随着辰安科技实际控制人由企业转为国资委，企业未来发展可能有所放缓，但企业长期存续或转为以研究为主的可能性将进一步提升。

第二节 代表性安全产品与服务

借助院士团队较强的研发实力和社会影响力，辰安科技的公共安全应急平台产品具有较强的竞争优势。2020 年之前，辰安科技的主营构成为消防安全平台及其配套产品、应急平台软件及配套产品、技术服务、建筑工程收入、应急平台装备产品及其他业务，其中应急平台软件及配套产品占比超过 50%；2021 年，辰安科技整理了相关业务，将主营产品构成变更为应急管理、消防安全平台及其配套产品、国际业务、城市安全、安全教育及其他产品，分别占比 32.72%、29.34%、23.1%、13.56%、1.13% 和 0.15%。具体产品则包括三维电子沙盘系统、移动互联在线会商终端、现场应急平台、现场无线传输系统（3G）、图像型火灾探测系统、细水雾灭火系统、自动跟踪定位射流灭火系统、移动应急终端、核应急监测终端、低空复合飞行器应急监测监控系统、应急平台综合应用系统、应急平台扩展软件产品等。在业务对象上，辰安科技的主要客户为地方政府机构和国有企业。

应急是辰安科技的主要业务。在应急平台方面，辰安科技以"全灾种、大应急"为核心思路开展应急平台建设，充分发挥清华大学公共安全研究院研发技术基础，结合中国电信的云网融合能力，将地理信息系统、大数据和人工智能相结合，形成具有应急指挥能力的综合型应急指挥平台，从而为各地应急管理部门提供标准化应急服务。在城市生命线方面，辰安科技为地方政府提供城市地下管网综合风险评估、异常状况实时监测报警、突发事件预测预警、应急救援指挥等突发事件全生命周期应急响应服务。目前，辰安科技已在超过 30 座城市提供了城市生命线产品与监测预警服务，服务覆盖 15 万部电梯、100 余座桥梁和 2 万公里地下管网，每月平均报警数量超过 400 条、每日平均收集数据 5000 亿条，成功预警了城市安全应急危险情势 10 万起。在安全应急教育科普方面，辰安科技能够提供具有科普宣教、专业培训、应急演练等内容的安全文化教育，能够协助地方政府完成安全应急宣教工作，其部分业务还涉及安全应急宣教场馆建设和运维服务。在海外业务方面，辰安科技参与了多米尼加共和国社会应急响应项目，并围绕一带一路，随我国政府推广开展了多个海外项目，在亚非拉部分国家的安全应急响应系统建设上发挥了重要作用。

第三节　企业发展战略

辰安科技以科技创新为主要发展战略。

在人才方面，辰安科技主动吸引高端人才以保持核心竞争力。辰安科技对高端人才采取精简员额、提升待遇的手段，力图通过筛选高端人才，发挥高端人才在科技创新中的中坚骨干作用。辰安科技要求企业内的各类人才不断发挥业务能力与创新能力，通过引进、巩固人才引进、培训培养、职称提升、技术创新奖励等标准化人才管理体制机制，助力落实辰安科技岗位公约机制与员工绩效承诺管理，主动精简、筛选人才，在提升人才待遇的基础上，以提升股东盈利水平、激发企业发展活力为目标，形成了一整套人才发展战略。

辰安科技以四大方向为基准开展科技创新。辰安科技以公共安全和服务政府为核心业务，将公共安全关键技术研究、新业务解决方案、新技术研究、软件产品这四大方向作为公司业务的主要组成和科技创新的主要方向。在公共安全领域，辰安科技对自然灾害、事故灾难模型工程化研究具有丰富积累，在实际应用中取得了良好成效；在新业务解决方案方向，辰安科技围绕"两云、两中心、一基地"建设，在城市安全领域不断创新发展，着力推动新产品落地；在新技术研究领域，辰安科技力图加入人工智能、虚拟现实产业发展浪潮，其模拟算法在社会安全、自然灾害等领域实现了一定应用；软件产品则是辰安科技的主要产品形式和发展方向之一，其各型应急平台已在应急指挥与应急救援领域形成了较为成熟的产品体系。

第二十五章

重庆梅安森科技股份有限公司

第一节　企业概况

一、企业简介

重庆梅安森科技股份有限公司（以下简称"梅安森"）成立于2003年5月21日，总部位于重庆市，注册资本1.68亿元，2011年11月在深圳证券交易所上市，是一家"物联网＋"企业，主要从事安全监测监控技术与装备的设计、研发、生产、营销及运维服务。梅安森在物联网、智能感知、大数据分析等方面积累了技术优势，努力在同一技术链上打造多元化的产业链，经过多年专注发展，已经成为"物联网+安全应急、城市管理、矿山、环保"领域的整体解决方案提供商和运维服务商。经过近二十年的发展，梅安森目前已拥有10家子公司，400余名员工，240多名各类专业技术人员，业务覆盖全国多个省级行政区。截至2021年年底，公司拥有软件著作权266项，有效专利授权80项，其中26项为发明专利、51项为实用新型专利、3项为外观设计专利。

梅安森专注安全领域十余年，致力于促进安全监测监控技术和产品的创新及实践应用，利用自身在物联网、大数据方面的优势，打造多元化产业，业务范围已从最初的矿山安全领域，逐步拓展到城市管网和环保领域。梅安森致力于"大安全、大环保"，公司主要业务围绕矿山、管网和环保三大方向，打造安全服务与安全云、环保云大数据产业。2018年，梅安森被列入首批国家应急产业重点联系企业名单；2021年12月参与了应急管理部信息研究院组织的智能化矿山数据融合共享规范工作启动及交流会议,经国家矿山安全监察局研究同意,参与《智能化矿山数据融合共享规范》的编制工作。

二、财年收入

2021年,面对复杂严峻的国内外形势和诸多风险挑战,梅安森采取各种措施努力消除不利影响,积极开拓市场,经营业绩总体保持平稳,实现营业收入3.09亿元,归属于母公司的净利润0.292亿元,同比增长7.90%,近三年公司财务指标见表25-1。

表 25-1　重庆梅安森科技股份有限公司近三年财务指标

财年（年）	营业收入情况		净利润情况	
	营业收入（亿元）	同比增长率（%）	净利润（亿元）	同比增长率（%）
2019	2.71	15.81	0.266	144.59
2020	2.85	5.14	0.271	1.86
2021	3.09	8.64	0.292	7.90

资料来源:重庆梅安森科技股份有限公司年度报告,2022.04。

第二节　代表性安全产品与服务

梅安森业务以矿山、城市管理、环保领域为主,打造安全服务与安全云、智慧城市、环保云大数据产业,产品涵盖物联网技术开发与应用、智能传感器、传输设备、智能控制设备、信息化平台及云服务平台等。

梅安森从事矿山业务18年,在矿用专用设备、专业子系统方面已拥有了一定的市场占有率和品牌影响力。自2015年起,梅安森开始探索智慧/智能矿山的建设之路,通过近几年的典型项目实施和技术积累,已形成了一系列智能矿井、智慧矿山、智慧矿区的综合解决方案,主要产品包括物联网技术的开发与应用、智慧矿区、智能矿山、煤矿安全监控系统、矿山专用设备、人员与车辆定位系统、瓦斯突出预警系统、瓦斯抽采监控系统、通讯广播系统、无线通信系统、综合自动化系统、非煤矿山管理系统、露天矿边坡结构监测系统、露天矿车辆与人员定位管理系统等，为用户提供包括传输控制设备及网络、物联网软件平台、运维服务、采集端智能传感器等内容的安全及生产整体解决方案；同时为客户提供基于云计算和大数据分析技术应用的安全生产智能化应用与增值服务。在宏观政策的推动下，梅安森积极响应煤炭企业需求，加快推进新一代信息技术与矿业开发技术深度融合，不断优化小安易联工业互联网操作系统，重点开展智慧矿山、综合自动化、精确定位等业务，2021 年新增订单 4.95 亿元，较上年同期增长 48.09%。2021 年 1 月，梅安森与阿里云成功联合推出了《智慧煤矿数据智能系统》联合解决方案，2021 年 8 月，通过收购华洋通信科技股份有限公司 10%的股权与其形成紧密的合作关系，将其煤矿 AI 视频产品等优势产品整合到公司智慧矿山解决方案中，提升公司智慧矿山解决方案的竞争力。

在环保业务领域，梅安森以多年来在物联网、监测监控、数据处理、大数据应用等方面的技术积累为基础，推动物联网技术与环保应用融合，从智慧环保和污水治理两个方面着手，自主研发了市区/县/园区环境综合监控平台及污染源在线监测、智慧河长监管、地表水水质在线监测（江、河、湖、库）、空气质量在线监测等各类应用子系统（产品），帮助提升行业主管部门监管能力。在该领域的主要产品包括：污染源在线监测、智慧河长监管、地表水水质在线监测（江、河、湖、库）、空气质量在线监测以及环境综合监控等相关业务平台（系统）软件、采集传输设备以及各类监测传感器等；面向美丽乡村、学校、高速公路、景区等分散式生活污水处理场合研发的智能一体化污水处理装置系列产品；为集团化、规模化污水处理装置（厂站）运营管理需求研发的水务运营管理信息平台，同时针对河道黑臭水体、矿井废水等行业提供以核心污水处理工艺技术包为基础的专业解决方案及定制型污水处理系列产品。此外，其自主研发的智能一体化污水处理系统，将传统污水处理工艺与物联网、大数据分析技术结合，能有效解决分散式污水治理与运营管理等现实难题，实现无人值守，自主运行，具有较强的竞争优势。

在城市管理业务领域，梅安森顺应智慧城市发展趋势，针对城市治理能力和服务水平提升的应用需求开发了相关产品，积极参与城市生命线安全工程建设，覆盖燃气、桥梁、供排水、综合管理等重点安全领域，助力提升城市安全风险管控能力，产品主要包括：智慧城市管理综合服务平台（含各业务子系统）、危险气体在线监测系统、桥梁边坡隧道结构安全监测预警系统、智能井盖系统、地下排污管在线监测、城市部件物联感知设备等。在应急管理领域主要包括：智慧应急管理平台、化工园区智慧应急/安监管理平台、化工企业安全生产监管信息系统、化工企业人员物资精确定位系统等。在综合管廊管线/铁公路隧道领域主要包括：综合管廊管理信息化平台、综合管廊环境监测产品、隧道监测系统等。梅安森智慧城市管理产品是物联网设备＋平台应用的融合，已获得部分城市用户的认可。2018年、2019年公司连续入选《互联网周刊》发布的智慧城市解决方案提供商100强，特别是综合管廊智能运营平台列入2017年国家重点研发计划重点专项，并在徐圩新区综合管廊试验段应用。

第三节 企业发展战略

梅安森坚持以物联网、安全监测监控与预警技术、成套安全保障系统为核心，以大数据、传感器测量技术、数据分析、应急预警及处置为发展路径，充分发挥公司的核心技术优势，通过大力提高技术和服务的质量与水平，推动内部资源整合和管理优化，以矿山业务、城市管理业务、环保业务等领域为核心，打造安全服务与安全云大数据产业，目标是成为国内领先的"整体解决方案提供商和运维服务商"。

一、以技术创新作为企业发展的驱动力

作为一家高新技术企业，技术创新是梅安森发展的驱动力和打造持续核心竞争力的重要组成部分。梅安森长期努力打造一支专业、结构合理、富有生命力的研发团队，专注重大项目技术攻关和产品研发，以市场需求和自身发展目标为导向，不断推动基础性共性技术的研究和产业应用型产品的研发工作。目前，公司在全国范围内拥有一支专业技术服务团队，此外，还聘请了享受国务院特殊津贴的资深行业技术专家为专业技术顾问。2021年，公司研发投入研发费用约为2681万元，较上年增长11.55%。截至2021年年底，公司拥有软件著作权266项，有效专

利授权 80 项。

二、销售服务一体化凸显优势

梅安森以"销售服务一体化与全过程技术支持"作为客户服务理念和营销理念。梅安森成立了区域办事处，由"销售人员＋售前技术支持工程师＋售后工程交付运维工程师"构成区域营销管理的"铁三角"，及时响应客户的相关需求，在提供技术服务的同时，加强产品销售推广力度，并进一步推动合作关系密切化。梅安森通过收集客户的技术反馈意见，不断完善技术，提高产品质量。目前，梅安森已建立起了符合 ITSS 标准要求的智能化运维服务平台，为客户提供全天候、全覆盖的运维服务。

三、全技术链模式走在行业前列

梅安森拥有从信息采集、网络传输、自动控制、平台软件应用、大数据分析及可视化展示应用的完整技术体系，基于该技术体系已实现了在矿山、城市管理、环保等业务领域的融合应用，具备了完全的技术控制能力。基于公司中长期发展战略，梅安森不断探索"围绕同一技术链，产业互联网化，运维智能化"的业务模式，并成功累积了大量技术运营优势，使得在同行业竞争者中具备先发优势。

第二十六章

浙江正泰电器股份有限公司

第一节 企业概况

浙江正泰电器股份有限公司（以下简称"浙江正泰"，股票代码601877）成立于 1997 年 8 月，是正泰集团核心控股公司。公司专业从事配电电器、控制电器、终端电器、电源电器和电力电子等 100 多个系列、10000 多种规格的低压电器产品的研发、生产和销售。公司于 2010 年 1 月 21 日在上海证券交易所成功上市；2016 年，公司收购正泰新能源开发有限公司 100%的股权，注入光伏发电资产及业务。积极布局智能电气、绿色能源、工控与自动化、智能家居以及孵化器等"4+1"产业板块，形成了集"发电、储电、输电、变电、配电、售电、用电"为一体的全产业链优势。业务遍及 140 多个国家和地区，全球员工超过 3 万名，年销售额超 800 亿元，连续 18 年上榜中国企业 500 强。旗下上市公司正泰电器为中国第一家以低压电器为主营业务的 A 股上市公司，位列亚洲上市公司 50 强。

公司顺应现代能源、智能制造和数字化技术融合发展大趋势，以"一云两网"为发展战略，将"正泰云"作为智慧科技和数据应用的载体，实现企业对内与对外的数字化应用与服务；依托工业物联网（IIoT）构建正泰智能制造体系，践行电气行业智能化应用；依托能源物联网（EIoT）构建正泰智慧能源体系，开拓区域能源物联网模式。正泰集团凭借严格甚至可以说强硬的质量管控手段，为企业快速发展护航。在同行业内率先获得 ISO9001 质量体系认证证书、CCC 认证证书、中国工业大奖、首届中国质量提名奖和全国产品和服务质量诚信示范企业等诸多荣誉。同时，企业参与制修订行业标准 240 多项，获国内外各种认证 2000 多项、专利授权 4000 余项。

自上市以来，公司利用稳固的行业龙头地位、卓越的品牌优势、强大的技术创新能力及自身产业链升级等优势逐步实现向系统解决方案供应商的转型，公司还将进一步通过产业链的整体协同，把握行业发展契机和电改机遇，构建集"新能源发电、配电、售电、用电"于一体的区域微电网，实现商业模式转型；完善电力产业链各个环节，从单一的装备制造企业升级为集运营、管理、制造为一体的综合型电力企业。

二、财年收入

浙江正泰近几年的财务情况见表 26-1。

表 26-1 浙江正泰近几年的财务情况

财年（年）	营业收入情况		净利润情况	
	营业收入（亿元）	同比增长率（%）	净利润（亿元）	同比增长率（%）
2019	302	10.2	37.6	4.7
2020	332	10.0	64.3	70.9
2021 上半年	162	11.2	18.4	1.9

数据来源：上市公司年度报告，2022.04。

第二节 代表性安全产品/技术/装备/服务

一、主营业务

公司主要从事配电电器、终端电器、控制电器、电源电器、电子电器、建筑电器和仪器仪表、自动化控制系统的研发、生产和销售；太阳能电池、组件的生产和销售、EPC 工程总包，电站开发、建设、运营、运维，以及储能系统、BIPV、户用光伏的开发和建设等业务。

低压电器产品具有量大面广、品种繁多的特点，公司的营销策略采取渠道分销、行业直销、与经销商协同拓展出"3PA""铁三角"等多种模式，随着公司"昆仑"系列的推出，成功实现中高端行业市场的升级突破。

低压电器行业是一个国际竞争充分、市场化程度较高的行业，形成了跨国公司与各国国内本土优势企业共存的竞争格局。作为根植于中国这一全球增长最为迅速的庞大低压电器市场的龙头企业，公司的营销网络优势、品牌优势、技术及管理优势有助于继续巩固领先地位，并持续受惠于行业的结构性变化，而公司的成本优势加之积极技术创新，有利于构筑开拓国际市场的后发优势。

光伏新能源作为一种可持续能源替代方式，经过几十年发展已经形成相对成熟且有竞争力的产业链。公司一直深耕光伏组件及电池片制造，光伏电站领域的投资、建设运营及电站运维等领域，并凭借丰富的项目开发、设计和建设经验，不断为客户提供光伏电站整体解决方案、工程总包、设备供应及运维服务。

公司自上市以来，利用稳固的行业龙头地位、卓越的品牌优势、强大的技术创新能力、自身产业链升级等优势逐步实现向系统解决方案供应商的转型，公司还将进一步通过产业链的整体协同，把握行业发展契机和电改机遇，构建"发、集、逆、变、配、送、控"于一体的系统产品全产业链布局，实现从单一的装备制造企业升级为集运营、管理、制造为一体的综合型电力企业。

二、重点产品介绍

配电电器产品主要包括：万能式断路器、塑料外壳式断路器、剩余电流动作断路器。

终端电器产品主要包括：小型断路器、剩余电流动作断路器、附件、电涌保护器、隔离开关、终端箱。

电动机控制与保护电器产品主要包括：交流接触器、直流接触器、热继电器、电动机启动器、电动机控制器、接触器式继电器、控制与保护开关电器。

工业自动化产品主要包括：变频器、软启动器、运动控制系统、人机接口HMI、软启动器控制柜。

主令电器产品主要包括：按钮及信号灯、转换开关、倒顺开关、组合开关、行程开关、脚踏开关、微动开关。

继电器产品主要包括：小型电磁继电器、保护类继电器、时间继电器、计数器、累时器、时控开关、液位继电器、脉冲继电器、正反转控制继电器、磁保持继电器、固态继电器。

开关电器产品主要包括：自动转换开关、刀开关、隔离开关、户外隔离开关、负荷开关。

电源电器产品主要包括：模块化电能质量功率单元、变压器、电抗器、电流互感器、电压互感器、稳压器、不间断电源、变阻器、开关电源、熔断器、电容器、无功补偿控制器、就地补偿装置。

电工辅料产品主要包括：电缆金具、冷压端子、电气材料、信号灯、移动电缆盘、轴流风扇及温控附件。

焊接设备产品主要包括：交流弧焊机、直流弧焊机、自动半自动弧焊机。

第三节 企业发展战略

一、持续保持核心优势，提升整体竞争力

公司作为国内低压电器行业的龙头企业，核心优势体现如下：

渠道优势。公司拥有行业内最完善和健全的销售网络，形成以省会城市为核心县区级为辅助点的营销体系。这些销售网络的构建和与之配套的物流和服务能力的形成，是公司长期耕耘的结果。

行业拓展优势。公司组建并拥有电力与行业销售团队，以及行业解决方案与市场推广应用团队，深度聚焦行业市场拓展，深入推进技术营销，通过铁三角团队与全价值链营销等业务模式创新发展，目前行业大客户的开发已取得丰硕成果。

自主研发与创新优势。公司坚持自主研发与创新，持续加大科研投入。经过多年的深耕，数字化车间、自动化和信息化的融合能力、平台和软件的集成系统已成为公司柔性生产新模式，为行业提供智能制造系

统整体解决方案的同时，也进一步提升公司产品品质和品牌价值，引领低压电器行业进入智能制造新时代。

品牌优势。公司"正泰""诺雅克"在行业内具有显著的品牌效益，报告期内，昆仑系列新产品和系统解决方案持续深耕，实现了产品及服务的有效提升，进一步增强了公司的品牌竞争优势。

成本优势。公司对于成本的控制依托两个方面：一是规模效应，公司作为国内低压电器龙头企业，同类产品的营收领先于国内同行，由规模带来的边际效应，有效地降低了各项成本；二是精益化生产，公司全面实现精益化生产模式，改进现场工艺水平，提高公司生产物流管理效率，并运用先进的信息管理手段加以固化。同时，公司优化产品结构，降低公司的生产成本，使得公司的生产成本最终得到有效控制和降低。

二、蓝海领航，稳步抬升渠道业务

低压电器具有应用广泛和终端客户多样性的特点，公司拥有完整且强大的经销网络，实现最大范围全覆盖成为该领域的核心要素。2021年，公司持续优化和迭代渠道业务，不断强化渠道护城河，目前在国内市场形成了以省会和工业城市为重点，地市级城市为主体，县级城市为辐射点的三级营销网络，拥有片区办事处 15 个，一级经销商 525 家，二级分销商 5000 余家，超 10 万家终端渠道，实现地市级覆盖率 96%以上，区县覆盖率 83%以上，构建了业内最健全、最深入的渠道网络，实现渠道网络全国覆盖。2021 年上半年，国内渠道业务实现营业收入 58.70 亿元，同比增长 14.83%。为持续提升渠道优势，公司加强推进渠道生态升级工作，打造渠道命运共同体。一是开展"蓝海计划"，分步启动股份制合作区域，将核心经销商纳入公司的治理体系中，构建扁平化的渠道网络系统，通过数字化业务生态与"快响应、低成本"的物流体系赋能，再造渠道内生动力，截至本报告期末已覆盖 19 省份和自治区，共设立 24 家销售公司；二是渠道深度分销，横向扩大覆盖面，纵向加大覆盖深度，线上线下协同布局，线上商城+线下体验店助推产品向 C 端拓展；三是塑造全价值链集成供应商，将低压元件与其他电气类产品整合陈列推广，向经销商提供一站式产品解决方案；四是发展综合服务型经销商，复制外资品牌过去在中国市场的发展路径，制定低压配电柜标准，以授权盘厂、驻厂监造等模式帮助经销商实现从分销网络到综合服务商的转型。2021年，公司继续加大品牌推广力度，加快"正泰品牌馆""电气工业超市"等项目建设，提升公司品牌在终端市场的影响力与美誉度，利用品牌价值赋能渠道拓展。报告期公司新增品牌体验馆5家，工业超市旗舰店9家，行业峰会展示5场，展示公司品牌形象和技术成果的同时，赢得了客户的一致好评。

三、逆势而上，加速扩张海外业务

公司持续实施全球本土化战略，依托新加坡日光电气和EGEMAC合资的埃及成套厂为依托，构建全球区域物流仓库与本土化销售网络建设，并适时推出国际版蓝海计划，加速出海，推动国际本土化发展进入新阶段。一是成立智慧电力、石油化工、矿业、数据中心等6个行业拓展专项小组，加强资源整合与跨洲区业务协同，着力提高行业增量业务，成功突破西班牙ALEDESA 400kV变压器项目，首次进入欧洲主干网输配电业务，中标拉美哥伦比亚EGP Cuayepo 500KV变压器项目，借助沙特ECB项目成功交付，直接参与电力局MCCB项目投标，成功获得大额订单；二是注重新业务探讨与把握，实现比亚迪英国储能配套项目落地，开发韩国LG储能配套项目，并成功植入技术标准，实现长期稳定合作，同时密切关注传统工业客户绿色业务转移，瞄准英国石油公司充电桩配套业务，实现B型漏电产品成功配套。2021年上半年，公司国际业务实现营业收入12.93亿元，同比增长55.26%。

四、精益求精，提升智能制造水平

公司锚定"数智化"建设，持续深化精益生产的创新应用，优化流程提高生产效率,实现快速响应市场需求的目标。一是打造"数字正泰"，公司以组织变革、流程再造（IPD、LTC）为抓手，以战略目标、市场业务需求，解决问题痛点和提高效率为导向，构建数字驱动的整体智治体系，不断提升创新链、产业链整体效能；二是持续提升智能制造水平，继续加大推进小型断路器、塑壳断路器、框架断路器、交流接触器、继电器等数字化车间建设，持续推广未来工厂示范项目，全力落实智能制造战略；三是通过自动化和信息化的深度融合与系统集成，打造绿色、高效、精益的智能制造新模式，为行业提供智能制造系统整体解决方案。2021年，公司为中国通号西安铁路信号工厂打造的智能制造项目，涵盖数字化车间整体布局设计、非标自动化设备设计与制造、产线管理系统定制与实施三大方面，成为国内智能制造系统的典范；为饲养行业提供的基于防疫安全、自动化、信息化项目，集自然条件、整厂工艺规划、设备规划等系统解决方案于一体，获得了行业的普遍好评。

第二十七章

威特龙消防安全集团股份公司

第一节　企业概况

一、企业简介

位于成都市高新技术开发区的威特龙消防安全集团股份公司（以下简称"威特龙"），经历多年发展，已成为国家火炬计划重点高新技术企业并承担全军装备的承制，成为中国工艺消防的创领者，国家专精特新"小巨人"企业，国家知识产权优势企业，四川省新经济示范企业；领跑"主动防护、本质安全"技术；提供全方位行业消防安全整体解决方案的创新者。

威特龙秉承技术创新和差异化发展的宗旨，为"消防与应急救援国家工程实验室""省级企业技术中心""四川省工业消防安全工程技术研究中心""油气消防四川省重点实验室"等科研平台的搭建完善做出重大贡献，先后承担并完成了"白酒厂防火防爆技术研究""大型石油储罐主动安全防护系统""天然气输气场站安全防护系统""西藏文物古建筑灭火及装备研究""风力发电机组消防安全研究""公共交通车辆消防安全防护系统"、中国二重全球最大八万吨大型模锻压机消防研究、镁质胶凝防火材料无氯化研究、防消一体化智能卫星消防站等国家能源安全、超高层建筑灭火技术及装备研究、公共安全和文物安全领域的共十余项重大科研项目，形成了白酒防火防爆技术、油气防爆抑爆技术、煤粉仓惰化灭火技术、大空间长距离惰性气体灭火技术、绿色保温防火材料和消防物联网平台、高压细水雾灭火技术等成套核心前沿技术。获得300余项国家专利，其中60余项发明专利；1项国家科技进步二等奖、9项省部级科技进步奖。参与制修订33部国家、行业和地方标准，成为消防行业"主动防护、本质安全"技术的领跑者。

公司成为国家住建部颁发的"消防设施工程设计与施工一级"资质的拥有者，集消防设备、消防电子、防火建材、解决方案、消防工程和消防服务六大业务板块，形成了完整的消防技术链。大力拓展完善新型高压喷雾消防车、防火型装配式建筑和消防物联网；20余家分子公司分布在全国各地，全国性的营销网络和服务体系搭建落地；威特龙公司的消防系列产品和防火建材合沐佳系列远销俄罗斯、印度、印尼、土耳其、巴基斯坦等20余个国家和地区。并为国内石油、石化、交通、电力、冶金、国防、航空航天、通信、市政建设、文化教育、公共建筑等行业提供消防安全一揽子解决方案，成为中石油、中石化、中航工业、中国神华、中国铝业、中海油、延长油田、中国移动、国家电网、五大电力、中船重工、中国建筑、中国建材、大连港集团、宝钢集团等大企业的重要长期合作伙伴，持续为社会消防安全创造最大价值。

二、财年收入

威特龙近几年的财务情况见表27-1。

表 27-1 威特龙近几年的财务情况

财年（年）	营业收入情况		净利润情况	
	营业收入（万元）	增长率（%）	净利润（万元）	增长率（%）
2017	30500.00	22.55	1650.00	65.02
2018	37200.00	21.97	1742.8	5.62
2019	30941.06	-16.67	1113.60	-36.42
2020	38673.21	24.99	572.51	-48.59
2021	32102.24	-16.99	846.11	47.79

数据来源：赛迪安全产业所，2022.04。

第二十七章 威特龙消防安全集团股份公司

第二节 代表性安全产品/技术/装备/服务

一、主营业务

公司坚持以市场为导向，在全国范围内布局了16家分公司与6家全资和控股子公司，形成了技术协同、业务协同、资源协同、管理协同、团队协同的经营及运营模式，力争实现业务规模突破和业绩持续增长。公司主营业务为工业互联网二级节点运营业务、油气安全业务、电力新能源业务和传统的自动灭火产品、系统集成及消防工程总承包、消防技术服务，针对不同行业客户需求提供消防安全全方位整体解决方案，领跑中国能源安全行业。

二、重点技术和产品介绍

（一）工业互联网二级节点运营业务

以工业互联网、标识解析、智能硬件、人工智能等技术为核心，构建覆盖全产业链、全价值链的全新制造和服务体系。基于深刻的行业理解、标识解析赋码解析能力、平台研发和系统集成能力，面向全行业提供"工业互联网+安全生产"整体解决方案，面向行业客户和政府提供定制化设备级、企业级、园区级、城市级应急安全集成服务，面向应急安全产品生产及装备制造企业提供数字化转型升级服务。

标识解析：工业互联网架构的重要组成部分，是工业互联网的"中枢神经"，通过顶层设计+方案设计，实现工业企业数据流通、信息交互。

硬件集成：通过智能硬件、自研网关和通信技术的融合，为工业互联网解决方案提供丰富的智能产品，构建"平台+系统"技术链。

软件平台：核心打造物联中台、数据中台、业务中台，基于三中台提供各行业的定制化软件服务，构建互联网解决方案，助力公司转型升级为高科技企业。

售后维保：完善的售后服务体系，专业的整体维保服务方案，支撑智慧化建设运维管理，以专业、高效、无忧、安全的服务品质，提供"定制化"服务方案。

（二）油气安全业务

秉承"主动防护、本质安全"为宗旨，极大地满足石油石化、轨道交通、电力、文物等行业消防安全差异化需求，将装备设计功能与行业工艺流程完美结合，针对行业特殊性，从根本上杜绝火灾隐患，降低安全成本，提高安全水平。由国家石油储备中心立项，国家能源局鉴定的大型石油储罐主动安全防护系统，成功获得国家安监总局科技进步二等奖，该项目研究成果共获得 11 项国家专利，经原国家安监总局审批，纳入安全科技"四个一批"成果转化重点项目；经国家应急部、财政部和税务总局审核，正式列为国家《安全生产专用设备企业所得税优惠目录（2018 年版）》。该成果国际领先、国内首创，市场前景广阔。

油气智能抑爆装置，属于国内首创，该成果获得 4 项国家授权专利，全军科技进步一等奖。

注氮控氧主动防护系统，处于国内领先水平，该成果获得 2 项国家授权专利，其主要功能是通过系统打造不燃不爆本质安全环境。

天然气输气场站清管作业安全防护系统，属于国内首创，经四川省科技成果鉴定，正式列入四川省"战略性新兴产品计划"，获 3 项国家专利。

页岩气场站消防安全防控系统，针对页岩气开发工艺研发的消防安全防护系统，5 项国家专利，属于国内首创。

国内首创的化工事故池消防系统，从结构防火、主动防护、冷却降温、智能灭火四级多层次实现化工事故池安全防护，获 3 项国家专利。

国内首创的分布式文物古建筑灭火系统，该成果不仅填补了国内古建筑灭火技术与装置研究领域的空白，还荣获西藏自治区科技进步一等奖、7 项国家专利。

公共交通车辆消防安全防护系统，获得国家授权专利 9 项，通过四川省科技成果鉴定，达到国内先进水平，制定强制性行业标准《公共汽车客舱固定灭火系统》（GA1264—2015），属于国内首创。

处于国内领先水平的高效高压喷雾消防车，本系统的上装系统已获得 2 项国家授权专利，该成果已投入使用 500 余辆。

国内首创的轨道交通综合应急救援保障车，上装系统已获 3 项国家授权专利，并已成功在成都铁路局应用推广。

国内首创的移动式临界态二氧化碳救援车，该成果获5项国家授权专利，并已成功在国家电网应用推广。

国内首创的无人机消防/救援系统消防车，其主要功能是与无人机有效结合，利用高压水雾来完成城市复杂高层建筑灭火的任务。消防车系统搭载 GPS 车辆监控系统、灭火、消烟及控制系统、无人机地面设备、破拆救援设备等；无人机搭载高压细水雾灭火枪及输送管路，发挥无人机操控、侦测、图像传输、无线操控的特质，高压细水雾灭火的优势与无人机灵活操控相辅相成，充分展现无人机灵活操控、快捷的优势，有效避免传统高层消防的弊端。

（三）电力新能源业务

储能电池主动安全防护系统，以主动防护本质安全的理念，主动介入电池工艺管控，通过消除"热量"和"可燃物"来防止或抑制锂电池热失控的进一步发展为火灾和爆炸事故。具有早期监测预警、实时精准定位、多次缓释防护、快速降温灭火防复燃、多维度全方位防护、预制现场应急处置接口、安装维护保养方便等优点，解决了储能电池 PACK 级的安全防控问题。

一体化变电站消防安全防护系统，是在二氧化碳灭火系统的基础上，进一步集成了变压器凝胶细水雾灭火技术的一体化撬装式灭火系统，以全淹没保护方式对户内式变电站的室内变压器、断路器、高低压配电装置的场所发生的火灾进行快速、清洁的灭火处置。

临界态二氧化碳应急装备车，平时配置在附近的消防队或电力检修站，发生火灾时，派遣至少2辆移动式临界态二氧化碳灭火车进行灭火扑救。2019 年已在北京配合国网北京分公司完成多次灭火试验。国内首创的临界态二氧化碳灭火系统获得 5 项国家授权专利。

配电箱（柜）监测预警及自动灭火装置，是集温度探测、CO 探测、灭火控制、数据上报等功能于一体的智能消防产品，数据通过无线网络传送至平台，可实现对配电箱（柜）极早期火灾的监测预警与快速灭火。

（四）电力新能源业务

自动灭火系统业务，主要包括气体自动灭火系统、水雾自动灭火系统两大类。

自主研发的气体自动灭火系统产品种类全覆盖，核心技术产品牢牢占据市场主导地位。处于国内领先水平的低压二氧化碳灭火设备获得13项国家授权专利，技术处于国内领先水平。其他高压二氧化碳灭火设备、低压二氧化碳惰化装置、二氧化碳感温自启动灭火装置、七氟丙烷灭火设备、柜式七氟丙烷气体灭火装置、IG541气体灭火设备、气体灭火系统防护区自动泄压装置等产品和装备均具有自主知识产权，通过国家级认证，技术处于国内领先水平。

整体技术处于国内领先水平的水雾自动灭火系统累计获得国家专利40余个，该成果主要以自主高压喷雾技术为核心，广泛应用于文物、交通和应急救援等领域。国内首创的多功能喷雾灭火枪及附属装置获22项国家授权专利，该成果获得省级科技进步一等奖。其他重大装备如厨房设备灭火装置、自动跟踪定位射流灭火装置及固定式消防炮等产品和装备技术均处于国内领先水平。

消防工程总承包业务：主要从事消防工程的设计、施工与管理，拥有行业双甲资质，可以承接全国范围内不受行业、规模限制的消防工程项目。有四千多国内外客户得到公司提供的相关服务，获得客户一致好评。

消防安全技术服务业务，主要以专业技术和丰富经验为客户提供消防安全业务咨询、消防设施维护、保养、检测、消防钢瓶检测、充装、消防技能培训及消防系统运营等专业、高质量的消防技术服务。公司提供专业技术服务已累计超过200万平方米。

第三节　企业发展战略

2020—2025年是威特龙战略发展的关键时期。企业加强内外资源的充分整合与优化配置，发挥能源安全行业技术和资源优势，推动能源安全行业市场突破，实现"中国能源安全守护者"战略定位。深挖其他行业市场,整合行业市场资源,形成持续稳定规模业务支撑,奠定"中国工艺消防创领者"优势地位。强化基础管理,打造与提升威特龙品牌形象和价值,构筑完整产业链条。以公司主导协会、行业解决方案和智慧消防生态体系为支撑,全面形成公司所服务的能源行业和其他行业产业生态链,提升威特龙国际影响力,显著提升公司可持续发展能力,为把威特龙建成为"世界一流消防安全整体解决方案提供商"奠定坚实基础。

一、创领工艺消防

以工艺流程为基础,以物联网信息技术为桥架,以智能消防平台监管为抓手,对科研、生产、储运、运维等行业工艺全过程进行监测、预警、处置和控制,驱动主动防护本质安全技术在行业的广泛应用,切实践行"防为上、救次之、戒为下"消防安全理念,创新引领工艺消防发展。

公司在应急安全领域创造性提出"主动防护本质安全"工艺消防理念,并以此为根基创新研发了以大型石油储罐主动安全防护系统、储能电池主动防护系统、油气抑燃抑爆安全防护系统、VFS智慧物联监管平台等代表性的主动防护产品,践行主动防护工艺理念,从根源上消除行业企业消防安全隐患,遏制事故发生风险,实现企业运营的本质安全。

二、深耕能源安全

以油气消防重点实验室为依托,以行业准入和业绩案例为基础,以主动防护本质安全核心技术为切入点,在油、气、煤、电四个能源等领域重点突破。

公司在石油石化、电力电网、煤炭煤化、天然气等能源安全领域,以油气消防四川省重点实验室为依托,以众多的行业准入、海量运行数据及大量成功领先的项目业绩案例为基础,以大型石油储罐主动防护技术、天然气输气场站防护技术、页岩气场站防护技术、大容量大空间长距离惰性气体灭火技术、煤粉仓主动惰化技术、输配电站防护技术和消防物联网平台等核心专利技术及配套自主装备为切入点,深耕能源安全领域，引领能源安全核心技术研发，打造能源安全完整产品体系，满足、引导能源行业消防安全需求，主导建立能源行业安全标准及安全体系，汇聚能源安全行业资源，牵头构建能源行业消防安全生态。

三、做强数据业务

以威特龙行业安全产品为支撑，以公司 VFS 物联网平台为载体，以智慧大数据联结为目标，多联结大联结强联结，逐步构建消防安全产业链接能力，满足客户精准需求，提供主动安全联接服务，融入行业大数据库，通过消防安全大数据深度挖掘行业数据资源，形成行业数据资产。

加强安全产业全联接，赋能安全产业新升级。以物联网技术为载体，以建筑消防安防一体化物联网平台、二氧化碳灭火设备在线监控管理系统、消防钢瓶全寿命周期管理系统、企安保（保险）、小微场所消防物联网管理系统、页岩气场站消防物联网管理系统、输配电场站消防物联网管理系统、消防技术服务管理系统、水雾灭火设备在线监控管理系统、社区应急安全社会化服务平台等系列智慧生态系统为中心，把消防行业人与人、人与物、物和物之间全面联接起来，实现行业数据化、精细化、智能化管理，向客户提供数据联接与运行管理服务；整合行业数据，加强智慧平台融合合作，建设提升强链接能力和协同优势，构建数据智慧生态，做智慧安全产业升级的实施者。

四、共享发展平台

以公司行业积累和品牌影响为基础，发挥行业领导者地位优势，建设安全产业生态圈，汇聚行业优势资源，赋能消防产业链条，把公司建设成为共生、共赢、共享的价值平台。

第二十八章 万基泰科工集团

第一节 企业概况

一、发展历程与现状

万基泰科工集团（以下简称"万基泰"）总部位于北京，是智慧城市安全解决方案提供商。集团拥有智能科技研究院及多家国家高新技术企业，培养了一支博导、高工为主体的专家技术团队，设有博士后工作站和研究生实习基地。集团建有省级重点工程研究中心及完善的产品测试中心和中试生产线，能够快速实现科研成果的推广转化。

集团核心业务聚焦城市公共安全、公共卫生、环保领域，以城市地下生命线危险源人工智能监控处置产品线为重点开发目标，在地下毒害、传染、易燃、易爆气体实时监控预警智能处置领域拥有众多自主知识产权成果。经过多年技术创新积累，集团打造出独具特色的"城市公共安全智脑"——地下、地面、低空三张安全网，形成了理念先进的"三维六度"城市立体空间安全保障体系。目前集团已在全国多地承担住建部、科技部、工信部、应急管理部等系列智慧城市示范工程，并主持系列国家重大课题，主编国家标准、行业标准与地方标准多项。

集团汇聚业内优质资源，推进行业示范应用，以重庆、四川泸州、深圳、广西等地为示范基地，以"产学研用一体化"促进科研成果转化，共建高科技园区，助力地方经济转型升级，受到住建部、科技部、工信部、应急部、国家发改委等国家部委高度关注和赞许。

集团以"为祖国而思、为人民而想"为使命，秉承"安全发展、科技创新、引领未来"的理念，以"总体规划、整体建设、全面监控、智能处置、精细管理"为指导原则打造城市地下、地面、低空三张安全网，遵循城市发展客观规律，坚持经济、社会、人口、环境和资源相协调的可持续发展战略，助力建设"平安城市、智慧城市、环保城市、美丽城市"，保障城市快速发展、安全运营，为人民安居乐业保驾护航。

二、财年收入

万基泰科工集团2019—2021年财务情况，见表28-1。

表28-1 万基泰科工集团2019—2021年财务情况

财年（年）	营业收入情况		净利润情况	
	营业收入（万元）	增长率（%）	净利润（万元）	增长率（%）
2019	3000	12.5	180	13
2020	4000	33.3	225	25
2021	3000	-25.0	160	-28.9

数据来源：赛迪智库整理，2022.04。

第二节 代表性安全产品

目前，集团的代表性产品如下。

一、地下空间（化粪池）安全监控智能处置系统

系统采用激光、红外、电化等多种气体检测方式，结合GIS地理信息系统，利用视频监控、自动控制、物联网传输等技术，实现城市地下管网、化粪池气体安全监控预警及自动化智能处置。通过监控中心平台与移动终端检测设备、手机APP的结合，全面直观显示各监控点现场数据，服务地下管网、化粪池日常运行全流程，改善了化粪池内部气体环境，并通过生物净化处理免除化粪池清掏，杜绝了化粪池堵塞、污水外溢等事件发生，标本兼治地解决了化粪池及管网的系列安全隐患及公

共卫生问题,达到无中毒、无爆炸、无燃烧、无传染、无臭气、无臭水,为城市安全管理提供支撑,为消灭地下管网、化粪池安全隐患做出贡献。同时还节约了每年清掏费用,带来可观的经济效益和显著的社会效益。

二、地下危险源人工智能管控机器人

地下危险源人工智能管控机器人是用于监控地下有限空间危险源的智能综合化设备,集成地下有限空间有毒有害气体监测和处置、地面音视频等信息数据融合。该设备包括监测地下有毒有害爆炸性气体,实时告警并自动处置,对地面违法犯罪治安情况实时监控并应急联动处置。集成智慧社区便民服务信息为一体的多功能、智慧型、智能型、综合型城市安全监控终端。

三、疫情防控机器人、疫情可视化智能管控平台及警视通视频流调系统

疫情防控机器人应用于城市社区、工厂、工业园区、学校、广场、会场、机场、车站、码头、地铁等重要出入卡口,对城市聚集地区的传染病疫情进行健康(如红外测温等)和身份信息匹配搜集和监测,实时反馈人员健康信息,保证城市人员健康安全,对感染人员及时管控,对照历史监测记录,能第一时间追溯感染人员轨迹,科学决策处理,进行隔离防护。在人机交互过程中,能有效避免人员密切接触,降低受疫情感染机会。

警视通视频流调系统是一款可供疫情流调人员使用的智能化视频调查装备。系统利用创新的无感计算,可实现资源智能调配,快速提取视频中出现的涉疫人员。并利用拌线检索、特征过滤、人车图谱等审看手段,快速排查出关注的涉疫人员。

四、黑臭水体生物净化处理及环保净化槽

黑臭水体生物净化处理设备利用微生物促生剂净化黑臭水体,可刺激土著微生物的生长繁殖,作用效果明显,见效快,环境友好,可高效降解氨氮、总氮、低碳化合物、重金属,分解大分子有机物。设备填充

高分子填料，可提升微生物菌种附着量，增强降解效率，采用全自动电气控制系统，运行安全可靠、噪音低、无异味、使用寿命长。适用于住宅区、宾馆、码头、机场、商场、疗养院、学校、厂矿等行业的生活污水和类似的黑臭水体的净化处置。

环保净化槽是一种小型生活污水处理装置，主要用于分散性生活污水或类似污水的处理。净化槽设备能够敏捷部署于临时聚集地以及重点工地、城乡接合部、城中村等集中环卫处置系统缺位的场所，消除城市环境安全死角。

五、万基泰机器人智能投放垃圾箱

万基泰机器人智能投放垃圾箱实现了用新型智能垃圾箱替代传统垃圾桶。开展垃圾分类工作，可以通过强化垃圾源头减量、推广智能分类垃圾箱的使用、推动垃圾协同资源化处理等措施，辅助我国碳达峰和碳中和目标的实现。该产品具有垃圾满溢报警、智能投放装置、语音安全提示、IC/ID 身份认证、二维码认证、烟雾报警、人体感应便捷投放、语音对讲操作投放等功能特点。

六、无人机侦查及反制系统

无人机侦察及反制系统接入了雷达设备、频谱设备、光电设备、反制设备、飞手定位设备，是集用户管理、视频监控、目标定位、雷达设备管理、频谱设备管理、光电设备管理、反制设备控制于一身的综合性可视化反无人机系统。实现"区域化预警、实时化跟踪、可控化处置"全方位的无人机安全管控，能有效解决无人机黑飞等问题。

第三节　企业发展战略

"十四五"期间，数字中国建设将进入加速期，万基泰科工集团顺应数字化发展大潮，推动新型智慧城市围绕"全智能、全场景、全时空、全流程"建设方向展开。全智能是充分利用物联网、大数据、云计算和"人—机"智能技术，积极部署低成本、低功耗、高精度、高可靠的智能感知设备，以智能感知和智能服务为指导，构建新型智慧城市建设的基础支撑。全场景是推动政府开放更多智慧城市应用场景，除传统的交通、金融、医疗、教育等领域外，进一步扩大安防、能源、环保、应急管理等多场景应用，建设覆盖全面、相互融合的城乡中枢大脑。全时空是依托物联、数联、智联一体化综合功能平台，建立"空中-地面-地下空间"三位一体的不间断城市泛在感知网络，增强城市全时段、立体化智能感知能力。全流程是加强数字孪生城市建设，强化大数据融合、分析、挖掘与可视化技术应用，提升事前感知、预警预测、运营维护、综合评估等全流程智慧管理服务水平。

集团围绕"产品装备化，大数据智能化"，将大数据和人工智能两大先进技术融入擅长和专注的地下空间安全、环保安全和疫情安全，不断拓宽和延展业务赛道，持续推进安全产品装备化，加强人工智能在大数据及城市公共安全的应用，进一步服务社会治理现代化。

未来，集团将继续充分发挥技术及资源优势，用大数据智能化打好新基建的"安全新地基"，围绕城市安全、大数据、人工智能等新技术，持续加大研发投入，不断提高自身核心技术创新能力，持续深耕国内城市公共安全和大数据业务领域，服务国家"新型智慧城市"战略，助推国家治理体系和社会治理现代化战略目标的实现，为数字城市、数字经济、碳达峰、碳中和高质量的发展做出贡献。

第二十九章

江苏国强镀锌实业有限公司

第一节　企业概况

一、企业简介

江苏国强镀锌实业有限公司（以下简称"江苏国强"）成立于1998年，位于江苏省溧阳经济开发区（上兴镇），资产总额逾70亿元，员工4000余人，年综合生产能力达500万吨。是一家以钢材制造加工为主业，集新能源配套、交通安全设施、智慧物流、房产开发等行业为一体的多元化大型企业。

江苏国强始终秉承"让钢材更具生命力"的企业愿景，围绕"做精做专做强"的发展理念，专注于交安、光伏和建材等领域防护设施产品的研发制造。公司提供各类公路安全防护设施、铁路声屏障、光伏支架、智能集成爬架等产品，市场营销网络覆盖全国，并与美、欧、中东和东南亚等国际知名客商建立了长期业务合作关系。是全国领先的管材材料制造商及运营商，全国最大的高速公路安全设施生产企业，全球光伏行业重要的光伏支架生产企业。

公司与上海交大、东南大学、华南理工、宝钢股份中央研究院等国内外科研院所进行合作，推动产学研用一体化发展。坚持以技术创新为根本，自主研发制造的ETC门架防护、桥墩防护等高强护栏产品填补了国内类似产品防护的空白，得到了广泛应用。公司参与起草了GBT31439.1—2015波形梁钢护栏第1部分 两波形梁钢护栏、GBT31439.2—2015 波形梁钢护栏第 2 部分 三波形梁钢护栏，为国家标准的制定做出了多项技术支撑工作。获得国家发明和实用新型专利 130 多项。

江苏国强以"兴业富民，精业强国"为使命，现为"中国民营企业五百强""中国交通企业百强"、国家级"守合同重信用企业""江苏省电子商务示范企业""常州市五星企业""常州市纳税销售贡献企业""AAA 级资信企业"，公司产品先后被授予"中国钢管领导品牌""中国交通名牌产品""江苏省名牌产品"以及连续多年的"全球光伏支架企业首榜"称号。

江苏国强视"建设家乡、回报社会"为己任，热心公益事业，积极创造和谐的内外部发展环境，致力追求经济效益和社会效益"双赢"的局面，设立了"袁氏兄弟奖学金""爱心基金"，参与实施了"春蕾计划""村企合作精准扶贫"等公益募捐社会慈善活动，在促进地方经济发展的进程中做出了重要贡献。

二、财年收入

2018—2020 年江苏国强镀锌实业有限公司财务指标，见表 29-1。

表 29-1　2018—2020 年江苏国强镀锌实业有限公司财务指标

财年（年）	营业收入情况		净利润情况	
	营业收入（亿元）	增长率（%）	净利润（万元）	增长率（%）
2018	211.0578	18.88%	24653	-10.64%
2019	231.9539	9.01%	38638	36.19%
2020	274.8437	15.61%	43410	10.99%

资料来源：赛迪智库整理，2020.02。

第二节　代表性安全产品

江苏国强坚持把握中国发展方向，积极打造资源获取平台，以金属制品业为主营业务，做大做精钢铁制造加工的同时专注于交安、光伏和建材等领域防护设施产品的研发制造,提供各类公路安全防护设施、铁路声屏障、光伏支架、智能集成爬架等产品,努力进入金融、物流、农业等其他业务领域,实现跨区域的资源整合与发展。

一、高速公路安全材料

公司所生产的各种高速公路安全材料包括立柱、二波及三波护栏板、标志杆、标志牌、隔离栅,以及与之相配套的产品,均执行国家规定的质量标准,其高速公路护栏执行 JT/T 281—2007、JT/T 457—2007 和 GB/T 18226—2000 标准。

产品核心优势如下。

① 护栏板漆面采用纳米涂层技术,具有长期抗腐蚀氧化,漆面不龟裂等特性,使用寿命长。

② 护栏站桩、栏板材料采用顶级优质钢材,抗扭抗暴性能优异,在发生高速交通事故时能极大程度保障车辆不冲出护栏外。

③ 安装工艺简单,后期维护养护方便,成本低廉。

二、光伏支架

公司已逐步形成了光伏支架高端原材料制造、光伏支架加工、热镀锌加工等完整的光伏支架产业链,拥有 23GW 的波峰年产能,累计交付量突破 40GW。以产品创新、技术领先为发展导向,深度聚焦光伏追日跟踪系统发展趋势,持续实施技术研发,已拥有相关专利 80 余项。公司新一代光伏跟踪产品获得 TUV、CE、UL 等欧美主流认证,同时产品经过权威风洞测试。

产品核心优势如下。

GQ-T1 朝阳系列跟踪支架:

① 多点支撑,结构稳定性更好。

② 传动件独立控制,各驱动互锁,可主动调节主轴扭转。

③ 完善的多重保护机制,保证设备可靠稳定运行。

④ 创新性的外球面轴承设计,可自适应 20% 的连续坡地。

⑤ 搭配智能跟踪算法,可提升至 2% 左右的发电量。

GQ-T2 朝阳系列跟踪支架：
① 多点支撑，结构稳定性更好。
② 减少桩基数量，每 MW160 根桩基，适用于渔光/农光项目。
③ 完善的多重保护机制，保证设备可靠稳定运行。
④ 柱顶倾角可调，适应 20%坡地安装。
⑤ 搭配智能跟踪算法，可提升至 2%左右发电量。

GQ-FA 智调系列固定可调支架：
① 开放式传动结构，适应各种恶劣环境。
② 可实现智能调节，实现无人运维。
③ 保证每个立柱都有支撑杆，提升结构的抗风性。
④ 自重平衡，减少驱动力，提升调节速度。
⑤ 框架式结构，减少组件隐裂。

双层大跨距柔型支架特点：
① 近 40m 大跨距设计，适合农光以及渔光等架高光伏项目；双排长列布置，尤其适用于铁路和高速公路窄长的光伏用地。
② 减少桩基用量，每兆瓦用桩量低至 94 支。
③ 抗风能力强，前后排桁架式连接，以及上下双层索结构，有效提高大跨度结构的悬垂比、提升支架整体抗风能力。
④ 适应大倾角，下层采用特有的双索，喇叭口的张悬结构；有效提升整体抵抗风荷载水平力的能力，可使组件倾斜角度实现更大倾角，提升发电量。
⑤ 安装简单，柱脚采用铰接，通过特殊张拉结构、螺牙实现钢绞线的张紧调节。
⑥ 成本更低，通过优化结构，优化钢绞线布置方式等，在减少桩基用量情况下，减少每兆瓦钢材耗量；渔光和农光项目上，比传统电站减少 2%~5%的投资成本。

三、附着式升降组合爬架

爬架产品的模块化设计实现了各种复杂结构部位的标准化组配，易于维护和二次周转使用。架体可采用人工分层搭设，也可在地面搭设后整体吊装就位。实现首次整体吊装就位，后续楼层人工分层搭设，使建筑工程整体提升安全性、便捷性与高效作业，节省50%劳动力。

五大特点如下。

① 安全性。

全钢材料，没有火灾隐患；全封闭防务，没有高空坠物伤人风险。

采用遥控控制，当荷载值偏差达到标准值15%的时候，自动报警警示；达到30%时，自动停机。

在提升或下降的过程中如意外因素导致架体突然坠落，防坠装置立即触发，安全保障架体。

② 质量好。

选用优质材料、加工工艺保障、加工流程全程监测；

部件打印编码，可识别，全生命周期质量追踪。

③ 经济性。

加工过程中减少对钢材的使用；施工过程中省电省工；建筑层数越高，折算下来的综合单位面积使用成本越低。

④ 外形美。

架体外观整洁美观；颜色多样，可以是传统单色系，亦可多种颜色搭配使用；架体上可以展现企业logo或形象；根据客户需要，架体外部还可以打印广告画面。

⑤ 低碳环保。

产品更省电省工；施工时有明显的防尘降噪作用。

四、声屏障

公司可根据用户提供的材质、板厚、孔径、孔距、排列方式、冲孔区尺寸、四周留边尺寸进行定制化生产，并可进行金属板整平、卷筒、剪切、折弯、包边、氩焊成型。声屏障是广泛应用的隔音屏障的一种，通常安装在高速铁路、公路、城市地铁、城际轨道交通的两端，以降低车辆快速通过带来的噪声影响。声屏障是由钢结构立柱、吸音板两大部分构成，安装、拆卸、移动更加方便，不仅满足现代社会对隔声降噪的需求，应用较为广泛。

产品核心优势如下。

① 绿色建材，无放射性，不含甲醛、重金属等有害物质，遇高温

或明火不会产生有害气体和烟雾。

② 组合式设计,灵活自如,安装拆卸快捷方便。

③ 直平形声屏障,整体平直,而上部吸声板呈弧形,可更加有效地控制声音通过屏体上部的绕射,中间以连续的框架结构为主体。

④ 声屏障吸音板不仅吸声、隔声效果好,还具有优异的耐火、耐久性能,保证使用年限。

⑤ 可选择多种色彩和造型进行组合,景观效果理想,可根据用户要求设计成各种不同的形式与环境相和谐,与周围环境协调,形成亮丽风景线。

⑥ 与公司在钢材行业生产制造紧密联系,产生集约效应,产品价廉物美。

第三节　企业发展策略

牢记"让钢材更具生命力"的愿景,坚守实体经济,坚持做强主业。把科技创新放在首要位置,推进产业与资本的深度合作,光伏板块早日上市。实施人才战略。

始终坚持把人才作为企业科技创新发展的原动力,充分依托东南大学、华南理工大学、中国宝武集团、苏交科等优势资源,对公路护栏、建筑爬架、盘扣、新能源光伏支架等产品,开展政产学研合作,在地方政府的支持下,与中国宝武建立联合实验室,加速了研发成果的转化,取得了明显的实效。

坚持创新引领发展,持续不断的产品创新和产学研合作,形成以固定支架、固定可调支架、跟踪支架、分布式支架的光伏支架产品矩阵,覆盖市场绝大部分支架形式。随着海外销售占比的不断扩大,也促进了企业更好更快的发展,为满足供货需求,企业很快还要在沿海地区布局新的制造基地。

坚持技术创新和原始创新并重转变,把原始创新摆在更加突出的位置,正在积极推进柔性支架、高强钢轻量化光伏支架等研发工作。

坚持走产业、科技、金融良性循环的发展道路,正在加快推进公司光伏板块走上市发展之路,推进产业与资本的深度合作。

江苏国强与中国宝武中央研究院，合作研发高强钢轻量化公路护栏。高强钢轻量化护栏每公里将降低钢材用量30%，综合成本降低10%～20%，积极践行绿色低碳发展理念。公司建材产品也正在导入高强钢轻量化。建筑爬架高强钢轻量化脚手板及防护网框已成功推向市场应用，盘扣式脚手架已经完成了应用技术规程的编制。瞄准未来市场，把科技创新落在实处。

近期出台的《江苏省"十四五"科技创新规划》《江苏省制造业智能化改造和数字化转型三年行动计划》等文件，是事关科技强省建设全局和长远的重大战略。作为行业排头兵，江苏国强正在建立具有行业影响力的产业科技创新中心。

第三十章

上海庞源机械租赁有限公司

第一节 企业概况

一、公司简介

上海庞源机械租赁有限公司（以下简称"庞源租赁"）成立于2001年，注册资本22.58亿元，总资产超百亿，是上海市高新技术企业、中国工程机械租赁服务行业的龙头企业。

公司总部位于上海，是世界500强企业陕西煤业化工集团有限公司旗下上市公司——陕西建设机械股份有限公司（股票代码：600984）最大的全资核心骨干子公司。

公司曾参建了鸟巢、国家博物馆、央视新址、中国水利博物馆、上海环球金融中心、上海世博会主题馆与阳光谷、广州电视台、杭州湾大桥观光塔、浙江北仑电厂、海口美兰机场、新疆会展中心、上海深坑酒店、黄石鄂东长江大桥、重庆朝天门长江大桥、南京长江三桥四桥、港珠澳大桥、福建平潭大桥、青藏铁路、西藏拉萨圣地洲际大饭店、一大会址等诸多地标性建筑和国家重点工程项目，以及成千上万栋住宅楼。

公司始终坚守"创新驱动，安全为天，以人为本，绿色发展"理念，致力于成为全球工程机械租赁行业的领导者。二十年的孜孜以求，奋斗积淀，拥有了320余项发明专利、实用新型专利和软件著作权；参与编制了《塔式起重机安全评估规程》《施工升降机安全评估规程》《塔式起重机安全监控系统》等行业标准；开发应用的"庞源在线"引领行业信息化管理新模式，定期发布的"庞源指数"成为行业发展状况风向标；先后荣获"中国工程机械租赁行业十大最具竞争力品牌""中国建筑施工机械租赁50强企业""全国质量信誉有保障优秀服务单位""建筑机械租赁设备管理优秀单位""上海市建筑施工安全生产先进企业""2020全球建筑工程租赁业100强第22位"，连续多年获"国际自有塔式起重机总吨米数量排名前列"等荣誉。

面向未来，公司将始终秉承"感恩、诚信、专业、敬业"的核心价值观，为把庞源租赁打造成为全球工程机械服务行业的领导者而不懈奋斗。

二、财年收入

庞源租赁近三年财务指标情况，见表30-1。

表30-1 庞源租赁近三年财务指标情况

财年（年）	营业收入情况		净利润情况	
	营业收入（亿元）	增长率（%）	净利润（万元）	增长率（%）
2019	29.27	51.63%	61388.17	123.23%
2020	35.31	20.64%	73345.65	19.48%
2021	43.34	22.74%	54089.50	-26.25%

数据来源：赛迪安全产业所，2022.04。

第二节 代表性安全产品/技术/装备/服务

庞源租赁主要从事建筑工程、能源工程、交通工程等国家和地方重点基础设施建设所需工程机械设备的租赁服务、安拆和维修等业务，拥有"A类特种设备安装改造维修许可证"和"起重设备安装工程专业承包一级"资质，规模位居国内工程机械服务行业前列，是从进场安装、现场操作、设备维修到拆卸离场一站式综合解决方案提供商。

公司下设40多家全资子公司、20余个集智能制造+培训服务于一体的基地遍布上海、北京、广州、深圳等国内中心城市和重点区域，并在马来西亚、柬埔寨、印度尼西亚、菲律宾等国家设有海外全资或控股公司。

公司拥有各类施工机械超万台，业务范围覆盖全国、辐射海外，长期服务于中国建筑、中国电建、中国能建、中铁、中交、中核、上海建工、北京建工、陕西建工等大型央企、国企及上市公司。

第三节 企业发展战略

一、加快"庞源在线"信息化系统建设

庞源租赁之前的信息化都是采取外包开发或者购买商品软件的方式，经过三次尝试均未取得真正成功，总结其原因，主要是庞源租赁的业务有其专业性特点，市场上的通用性强的软件无法完全适应庞源的业务管控要求，外包开发团队对庞源的业务理解不深，因此所开发的软件功能太简单，或者无法将庞源的业务要求圆满地实现。为此，2019年，在总结之前三次信息化开发经验和教训的基础上，公司自建开发团队，计划用3年的时间，自行开发一套完全符合庞源租赁业务要求的信息化系统，即"庞源在线"系统。该系统1.0版本已经上线，实现了全庞源主要设备部件的静态管理和动态调拨实时化；目前正在开发的2.0版本上线后，可以实现所有设备维修保养，以及安装拆除、顶升加节等运行状态的实时化；未来的3.0版本将可实现技术方案、订单管理、项目管理、安全巡检等业务的实时化；4.0版本将通过传感器、PLC，借助5G和AI技术，实现所有设备、全流程的实时、动态化管理。

二、加快各地方综合性服务基地的建设

根据公司规划，于2022年之前，在全国建设20个集塔机租赁服务和部件加工、整机再制造于一体的综合性服务基地，这些基地建成并投入使用后，不仅可以极大地改善相关分支机构的办公、住宿、培训等工作生活条件，增强公司对人才的吸引力，而且可以提供设施完善的维修车间和喷涂线，甚至可以加工标准节、附墙、拉杆等设备部件，更好地满足项目需求，提高设备的外观品质和安全性能，降低设备运行风险。

三、建立人才招聘培养晋升的机制

为了解决公司业务规模扩张迅速带来的管理人员短缺问题，公司需要在一定阶段，如5至10年，不断大量招聘高等院校应届毕业生，通过内部培训、师带徒等方式，逐步培养和充实到各级管理团队中，并且通过建立完善的绩效考评制度和人才晋升制度，发掘和锻炼高素质人才，通过3至5年的培养，发现一批能够胜任分支机构业务开拓的好苗子，满足新设机构管理人员的需要。

四、建立行业标准

目前行业的规范性文件政出多门，而且很多地方性政策带有显著的地方保护色彩，随着庞源租赁在全国布局，业务在全国各地市场的深耕和渗透，行业标准不统一带来的影响越来越明显，因此，近年来，庞源租赁参与多项行业操作规程的编制，并且借助行业协会积极向政府主管部门献计献策，推动市场的良性发展，但这些还远远不够，未来，庞源租赁将借助陕建机股份作为上市公司的重要性，积极倡导建立良好的行业标准。

五、服务市场化

庞源租赁的业务链条包括：租赁订单承接+设备组织进场+设备安装+运行过程中的维护保养+设备拆除等，随着"庞源在线"信息化系统的建立和完善，逐步建立内部服务的结算价格，实现安拆装作业、维修服务的内部市场化，并且在优先满足内部服务的前提下，可以对外提供安拆装作业服务和维修服务；未来也可以将"庞源在线"信息化系统的部分功能，开发成SaaS应用，满足同行业企业的管理需求，发挥行业龙头企业的引领作用。

第三十一章

江苏华洋通信科技股份有限公司

第一节 企业概况

一、企业简介

江苏华洋通信科技股份有限公司（以下简称"华洋通信"）创立于1994年8月，起始为徐州中国矿大华洋通信设备厂，2004年改制为徐州中矿大华洋通信设备有限公司，2015年6月完成股份制改制，成立江苏华洋通信科技股份有限公司，注册资金5100万元。华洋通信是国家级高新技术企业、双软企业、江苏省物联网示范企业、江苏省服务型制造示范企业，具有电子智能化工程专业承包二级资质，拥有"江苏省矿山物联网工程中心""江苏省煤矿安全生产综合监控工程技术研究中心"和"江苏省软件企业技术中心"，是江苏省重点企业研发机构，先后荣获省部级科技奖30余项，授权专利90余项，获软件著作权60余项，安标产品90余项。

华洋通信是国内煤矿物联网、自动化、信息化、智能化领航企业，现拥有企业员工150余人，80%以上为大专以上学历。近年来，华洋通信参与中国煤炭工业协会、国家矿山安全监察局主持的《煤矿总工程师手册第十一篇<煤矿信息化技术>》、国家标准《煤炭工业智能化矿井设计规范（GBT 51272—2018）》、行业标准《安全高效现代化矿井技术规范（MT/T 1167—2019）》和《5G＋煤矿智能化白皮书（2021）》等标准制定。经过多年的耕耘，华洋通信取得了多个业内第一，包括第一个开发生产了"煤矿井下光纤工业电视系统"、第一个提出并建立了符合防爆条件的百兆/千兆井下高速网络平台，填补了国内空白，达到国际先进水平、第一个开发生产了"基于防爆工业以太网的煤矿综合自动化系统"、第一个提出并建立了"矿井应急救援通信保障系统"、第一个提出并建立了"基于物联网的智慧矿山综合监控系统实施模式"、第一个研发和生产了矿用本安型 AI 人工智能视觉传感器等，在业内受到广泛关注和好评。

二、财年收入

江苏华洋通信科技股份有限公司近三年财务指标，见表 31-1。

表 31-1　江苏华洋通信科技股份有限公司近三年财务指标

财年（年）	营业收入情况		净利润情况	
	营业收入（亿元）	同比增长率（%）	净利润（万元）	同比增长率（%）
2019	1.78	7.23	3428.13	-6.09
2020	1.52	-14.61	3043.71	-11.21
2021	1.55	2.0	3180.56	4.5

数据来源：江苏华洋通信科技股份有限公司，2022.04。

第二节　代表性安全产品/技术/装备/服务

华洋通信以建立煤矿安全风险智能管控体系为核心，针对目前煤矿井下复杂环境监控系统图像分辨率低、无法对各种异常状态预警、事故突发时响应速度慢、缺少智能化分析和控制联动等突出问题，自主研制开发矿山"人—机—环"全域视觉感知与预警系统，实现对人员、机器、环境等监控视频智能分析，精准识别各种安全隐患和事故风险，实时感知煤矿全局安全态势，预警处理响应时间小于 10ms，实现与生产自动化系统、煤矿通信联络系统、安全监控系统协同联动，主力煤矿安全生产水平提升，填补我国智能矿山在安全监控、风险监测预警等领域智能图像分析与应用的空白，对探索煤矿无人化开采，提高我国煤矿安全技

第三十一章 江苏华洋通信科技股份有限公司

术水平具有重大意义。

华洋通信研发的煤矿安全风险智能管控体系主要包括以下子系统：煤矿胶带运输智能控制子系统，大块煤检测识别，识别率≥95%，煤流量检测识别，煤量检测误差≤8%，实现基于AI视频自动调速和安全预警；提升机高速首尾绳智能检测子系统，提升机首绳、尾绳各种外部状态分析、检测及预警；煤矿人员"三违"AI智能视频识别子系统，识别人员、设备、环境等运行状况，对皮带锚杆、矸石、堆煤、非法运人等异常情况，人员不戴安全帽、脱岗等违章情况，巷道烟雾、涌水、片帮冒顶等进行识别，抓拍照片、输出报警信号，并能控制皮带、猴车、斜巷绞车等设备停车；掘进工作面智能视频安全管理子系统，实现对掘进工作面转载处堆煤、转载机和可伸缩带式输送机跑偏、人员违规进入危险区域等风险监测预警与联动控制；钻场智能管理子系统，钻机终端识别钻杆、钻机、放水管和放水管数量，识别打钻轨迹；监控钻进压力。

华洋通信自主开发了多项煤矿安全领域的关键技术，其中已完成的关键技术包括：智能煤矿安全生产综合监控系统关键技术研究及设备开发、智能煤矿安全监控系统及接入技术的研究与关键装置的研发、智能煤矿综合监控信息集成软件系统开发、智能煤矿综合监控信息集成软件系统开发等。正在深化研究的关键技术包括：煤矿无线传感网络系统关键技术研究及其设备研发、煤矿生产自动化装备故障诊断技术研究与开发、基于物联网的智能煤矿综合监控系统模式、煤矿危险区域目标行为检测与跟踪、智能煤矿监测预警信息系统平台开发等，为推动利用新一代信息技术提高煤矿安全生产水平做出了贡献。

华洋通信还多次参与国家级、省部级重点项目，其中已完成的重点项目包括："互联网+煤矿安全监管监察关键技术研发与示范"之"公共安全风险防控与应急技术装备"、煤矿灾变环境信息侦测和存储技术及装备—煤矿灾变环境信息侦测机器人项目、国家863计划资源环境技术领域《薄煤层开采关键技术与装备》课题"工作面'三机'协同控制技术"、国家发改委低碳技术创新及产业化示范工程项目—"千万吨级高效综采关键技术创新及产业化示范工程"、江苏省科技成果转化项目"智慧矿山生产与安全系统关键技术研究及产业化"等。

作为煤矿智能安全领域的代表企业，基于多年积累的专业能力和研发水平，华洋通信参与了多项行业标准的编制工作，相关产品和技术受到行业协会和部委认可，如参与《5G+煤矿智能化白皮书（2021）》"AI视频识别"内容编写，"中煤集团王家岭煤矿智能监管视频 AI 应用"等三篇收录白皮书典型应用案例；主持研发的"煤矿 AI 视频识别关键技术及装备的研究与应用"通过中国煤炭工业协会科技成果鉴定，成果达国际先进水平；"矿山'人—机—环'全域视觉感知与预警系统"入选国家安全应急装备应用试点示范工程项目等。此外，华洋通信还多次获得省级、市级奖项，包括获得 2020 年度徐州市质量奖、评为徐州市 2021 年高新技术创新 50 强（第 27 位）、"煤矿多场景侦测及应急救援机器人"项目被国家科技部推荐亮相国家"十三五"科技创新成就展，获批第六批江苏省服务型制造示范企业（制造业总集成总承包）、"矿用人工智能战略新兴产业标准化试点"获批 2021 年江苏省战略性新兴产业和服务业标准化试点项目、"智能视频分析与预警系统研究与应用"获 2019—2020 年度煤炭行业两化深度融合优秀项目等。在国内外展会上，华洋通信的产品也受到广泛关注，在首次参展的第十九届中国国际煤炭采矿技术交流及设备展览会上，华洋通信的煤矿 AI 人工智能产品亮相展会，受到与会客户与同行的高度评价。

第三节　企业发展战略

华洋通信秉承"诚信、创新、发展"的理念，坚持"以诚聚才、任人唯贤，人尽真才、才尽真用"的原则，坚持公司发展定位不动摇：一是做矿山物联网、自动化、信息化、智能化技术标准的制定者；二是做矿山物联网、自动化、信息化、智能化煤安产品提供商；三是做智慧矿山综合自动化建设示范工程集成商；四是做工矿企业人工智能产品提供商。华洋通信积极致力于物联网、自动化、信息化、智能化产品研发、推广和服务，以一流的技术、一流的产品、一流的管理回报社会，通过创新产业联盟等渠道，建立智能矿山建设生态圈，推动行业技术进步。

加强品牌建设。坚持产品定位，坚持高端产品原则，以高性能监控技术应用为主要目标；坚持优质平价的原则，促进新技术、新装备的普及推广。积极开拓市场，建立示范工程点，以点带面，提高市场占有率，

第三十一章　江苏华洋通信科技股份有限公司

并向其他矿山行业扩展。在主要煤炭基地设办事处及服务机构，与行业相关企业联合形成战略联盟，共同开拓市场。完善代理商渠道与经销商管理机制。逐步建立销售、售后服务和市场管理三位一体的市场保障体系。加强品牌建设，通过完善体制、机制，加大研发投入等手段，优化产品性能，依托行业协会、行业创新联盟、中国矿业大学、宣传媒体等媒介，增强用户体验，扩大产品宣传，注重和加强品牌建设。

加大成果转化。公司以"产、学、研、用"相结合的发展模式建立"矿山'人—机—环'全域视觉感知与预警系统"示范工程，未来几年将引入风险投资，与国内著名公司如华为公司、中国联通等强强联合，创造一流产品，开拓更大市场。销售额每年以10%～30%递增，争取3年内上市，成为国内矿山物联网安全应急装备技术和产品的领军企业。

第三十二章

北京韬盛科技发展有限公司

第一节　企业概况

北京韬盛科技发展有限公司（以下简称"韬盛科技"）是从事建筑安全防护产品的研发、生产、销售、租赁和技术服务的专业化公司。成立于2007年1月，总部位于北京通州。

韬盛科技自成立至今15年来，以附着式升降脚手架产品为切入点，将高层和超高层建筑模架技术的研究与应用作为企业核心业务加以发展，陆续开发了智能全集成升降防护平台、集成式电动爬升模板系统、装配式液压防护平台、大吨位智能顶升造楼车间系统、智慧自动提升转料平台、带缓冲水平安全挑网系统、蟹爪型插扣式支承架系统、铝合金模板系统等产品系列。

韬盛科技拥有由400余位经验丰富的专业人才组成的专业团队。不仅拥有专注技术及产品创新的研发部门，还有全流程服务团队，涵盖方案设计、工程服务、安全服务、维修保养等诸多环节，为客户的建造安全保驾护航。公司注重科技型人才培养，鼓励员工在职深造。目前，公司已拥有多位毕业于清华、同济、天津大学等国内一流学府的高端科技人才，并通过人才激励政策不断吸引各方有志之士。

韬盛科技拥有多项资质、荣获多项荣誉。企业拥有模板脚手架租赁企业特级资质、附着式升降脚手架专业承包一级资质、全国建筑机械跨省级租赁资质；曾获得国家认可的国家级高新技术企业、中关村高新技术企业、全国"工人先锋号"、北京市企业技术中心（省部级）、北京市专利试点单位、北京市通州区优秀科技企业、市通州区优秀科技企业、全国模板脚手架租赁行业 30 强企业、全国建筑施工机械租赁 50 强企业等 60 余项殊荣。

公司重视基础科研，通过多年不懈努力和不断创新，韬盛科技已获得 56 项国家专利；公司参与国家标准及行业标准制定，相关企业技术标准已编入国家标准《租赁模板脚手架维修保养技术规范》(GB50829—2013)、行业标准《建筑施工工具式脚手架安全技术规范》(JGJ202—2010)、行业标准《建筑施工用附着式升降作业安全防护平台》(JG/T546—2019)、协会标准《独立支撑应用技术规程》(CFSA/T04：2016)、协会标准《附着式升降脚手架及同步控制系统应用技术规程》等。

多年来，公司全员坚持"让建造更安全"的企业使命，以"简单、高效、可控"的工作原则与客户协同日常事务；强大的凝聚力、执行力和战斗力让公司内外部认可了"相信 服务 共享 责任"的核心价值观。目前，韬盛科技业务已遍布全国，在海外市场亦有建树，预期将成长为行业领先的现代化建造安全企业。

韬盛科技近三年财务指标情况，见表 32-1。

表 32-1 韬盛科技近三年财务指标情况

财年（年）	营业收入情况		净利润情况	
	营业收入（亿元）	增长率（%）	净利润（万元）	增长率（%）
2019	6	100	5000	150
2020	10	67	7000	40
2021	12	20	8000	14

数据来源：赛迪智库安全产业研究所，2022.04。

第二节 代表性安全产品与服务

韬盛科技以智能全集成升降防护平台（全钢爬架）为主的建筑施工防护设备的销售和租赁业务为主。

韬盛科技现有河北邱县腾翼工厂及安徽蒙城蒙盛工厂两大生产基地。其中，腾翼生产基地总占地 500 亩，拥有高标准工业厂房 20 万平方米，综合产能 1000 栋/月，基地内还建有业内大型智慧安全建造展厅；安徽蒙城生产基地共占地 100 余亩，拥有高标准生产车间 23000 余平方米，仓储面积可达到 16000 平方米。公司在北京、西安、武汉、郑州、青岛、南京、杭州、昆明、合肥、成都等地设有办事处，同时，在全国重点城市布局维保中心，以保障全国所有区域方圆 300 公里内，均有维保基地可供选择。

目前，韬盛科技已累计为近 9000 栋高层建筑提供了专业的安全防护解决方案。并与中国建筑、中国铁建、中国电建、中国新兴建筑、北京住总集团、北京城建集团、中天集团、中核集团、中国水电、广西建工、中国广厦、中达建设、中国交建、中国能建、中城建等数十家国内大型企业形成了长期持续稳定的合作关系，以北京中心大厦、天津 117 大厦、广州东塔、武汉绿地中心为代表的，中国 400 米以上超高层建筑安全防护体系 90% 由韬盛提供，此外，公司相关产品及服务远销至迪拜、埃及、斯里兰卡、马来西亚等海外国家和地区，为全球多个项目提供了更加安全的建造防护保障。自公司成立至今的 15 年时间里，公司智能全集成升降防护平台（全钢爬架）实现了零事故的安全防护记录。

第三节　企业发展战略

韬盛科技致力于成为全球领先的建造安全服务商，并始终坚持科学高效的企业发展战略。

市场发展战略。韬盛科技充分发挥河北邯郸及安徽蒙城两大生产基地优势，以周边区域市场为重点，进一步辐射全国业务，以智能全集成升降防护平台产品为主要发力点，租售协同，实现市场规模快速提升。韬盛科技重视市场有序发展，始终将市场安全教育作为发展市场的第一要务。为此，公司于 2008 年成立韬盛学院，面向全行业开展爬架项目经理技能培训，每月一期，免费培训专业爬架人才，从而助力全行业实现安全有序发展。在进行安全教育的基础上，韬盛科技不断开拓各级市场，通过摸索多种类型服务模式，建立客户口碑传导机制，从而实现有效的客户人群触达，覆盖更加广泛的市场区域。

技术发展战略。韬盛科技重视技术及基础科研发展，2020 年，公司成立创新中心实验室，通过基础数据研究，在改进现有模架、模板产品的同时，进行多项新产品研发，截至目前，已获得56项行业相关专利。韬盛创新中心坚持技术数据研究，通过对架体高度、荷载及系数取值、有限元等几个方面的计算研究，结合实际工程调研，目前已完成多个优化设计研究，以保证产品设计的安全性和经济性。

产品发展战略。韬盛科技围绕核心产品智能全集成升降防护平台，实现整体市场的快速渗透，同时采取同心多元化增长战略，充分利用企业原有的技术、特长、专业经验等开发与本企业产品有密切关系应用于建筑市场的多种新产品，拓宽企业产品种类，减少风险，提高企业整体效益。公司坚持质量为先的产品发展战略，优化产品使用体验，提高项目施工效率。公司产品发展坚持"用户为上"的准则，通过收集施工工人对相关产品的使用感受，不断改进产品部件及结构，目前，公司全钢爬架产品通用率已经达到95%以上。未来，公司将从产品规划、方案设计等方面，进一步改进产品细节，加强安全防线，节约人工及工程成本，提高项目建设效率。同时，韬盛创新中心将通过现有技术积淀，借助相关产品试验，结合9000栋楼的施工经验，继续改进现有模架产品，同时着力为建筑行业开发新型安全建造相关产品。

服务发展战略。韬盛科技打造"全程无忧"一站式服务模式，成立专门的客户服务中心，从前期的项目协助签单到过程中物流、设计、工程现场指导、安全指导到后期资产回收，全业务周期一对一协助客户完成项目运营，公司提出了"让客户省心、放心、安心"的"三心"承诺，为此推出了爬架设备租赁"一对一"现场安装指导的服务模式，开创爬架安全施工"六必保"及爬架安全"六维工作法"；编制《爬架现场施工工程标准化手册》，并出版发行《智能集成附着式升降脚手架安全施工操作手册》。

人才发展战略。韬盛科技自始终注重深化人才发展体制机制改革，充分发挥企业本身在人才培养、人才引进、人才使用中的积极作用。韬盛科技不断完善评价体制机制改革，坚持成果、绩效、贡献为核心的评价导向，完善多元化激励鼓励机制，对参与核心攻关项目的技术研发团队和做出突出贡献的一线业务团队进行定向激励。公司高度重视人才引进和自主培养，目前，公司已拥有400余位各类专业人才，为客户提供各类安全高效的专业服务。同时,公司重视新员工入职培养,从专业技能、办公软件应用、法律法规等方面为员工定期举行专项培训。此外,公司实行扁平化管理,提高员工沟通效率,从而不断挖掘员工潜能,实现员工与公司共同进步,同步发展。

韬盛科技不断探索创新型发展模式,致力于打造"产品+服务"协同发展模式下的行业赋能平台。通过整合科研技术、生产制造、方案设计、物流运输、工程服务、维护保养等各产业环节,努力向高质量、高水平的发展模式过渡,通过多方协同发展,来为建造安全提供更加可靠的保障。

政　策　篇

第三十三章

2021年中国安全应急产业政策环境分析

2021年是"十四五"规划的开局之年,面对复杂严峻的国内外形势和新冠肺炎疫情的严重冲击,全国上下共同努力,统筹疫情防控和经济发展,经济总量迈上了百万亿元新台阶,成为全球唯一实现正增长的经济体,全年主要目标任务完成较好,"十四五"实现良好开局。我国安全应急产业高质量发展也取得新的重大成就,各地围绕着支持安全应急产业发展、鼓励企业创新、提升应急管理能力、加强安全生产和防灾减灾救灾工作出台了大量政策文件,积极推动安全应急产业高质量发展,提升区域应急管理与安全发展水平,推进应急管理体系和能力现代化发展建设,同时也为区域高质量发展培育了新动能,成为新的经济增长点。

第一节 加快建设全国统一大市场助推安全应急产业高质量发展

2022年国务院政府工作报告中提出,加强高标准市场体系建设,抓好要素市场化配置综合改革试点,加快建设全国统一大市场。2022年3月25日,中共中央、国务院正式出台了《关于加快建设全国统一大市场的意见》(以下简称《意见》),充分延续了中央经济工作会议的精神,强调稳市场、保就业、促发展。在疫情反复的大背景下,《意见》的出台提振了市场信心,对促进市场、维护市场安全、促进市场要素涌流具有重要意义。

第三十三章 2021年中国安全应急产业政策环境分析

当前我国安全应急产业高质量发展面临的重大困境就是很难形成全国统一规模大市场,安全应急产业领域市场主体很难做大规模、增强市场竞争力。要以推进贯彻《意见》实施为契机,加快推进安全应急产业高质量发展。首先,要充分发挥国家安全应急产业示范基地的引领示范作用,加快示范营造全国安全应急产业稳定公平透明可预期的营商环境。以安全应急产业的市场主体需求为导向,力行简政之道,坚持依法行政,公平公正监管,持续优化服务,加快打造安全应急产业市场化法治化国际化营商环境。充分发挥各示范基地的比较优势,因地制宜为各类市场主体投资兴业营造良好生态。其次,要积极推动国家重大区域建立统一的安全应急产业大市场。围绕京津冀协同发展、长江经济带发展、粤港澳大湾区建设、长三角一体化发展、黄河流域生态保护和高质量发展等国家区域重大战略实施,"立破并举"发挥区域示范引领作用,从"立"的角度,抓好安全应急产业统一的市场准入、统一质量和标准制定、统一产品和服务体系建设、统一应急服务机制,从"破"的角度,进一步规范不当市场竞争和市场干预行为,破除地方保护和区域壁垒,加快清理废除妨碍统一市场和公平竞争的各种规定和做法,破除各种封闭小市场、自我小循环。努力形成供需互促、产销并进、畅通高效的国内大循环,扩大安全应急产业的市场规模容量,不断培育发展并强大国内市场。最后,要鼓励安全应急产业的头部企业加强科技创新,完善统一的产权保护制度。坚持创新驱动发展,要增强安全应急产业领域的企业创新动力,正向激励企业创新,反向倒逼企业创新,进一步出台鼓励安全应急产业市场主体创新的政策,依法保护企业产权及企业家人身财产安全,借助全国统一大市场建设的牵引作用,发挥超大规模市场具有丰富应用场景和放大创新收益的优势,通过市场需求引导创新资源有效配置,促进创新要素有序流动和合理配置,提升安全应急产业企业的自主科技创新能力,以国内大循环和统一大市场为支撑,有效利用全球要素和市场资源,使国内市场与国际市场更好联通,增强安全应急产业的头部企业在全球产业链供应链创新链中的影响力,培育安全应急产业领域的世界一流企业。

第二节　宏观层面：安全应急产业发展进入新阶段

2021年12月，为全面贯彻落实习近平总书记关于应急管理工作的一系列重要指示和党中央、国务院决策部署，扎实做好安全生产、防灾减灾救灾等工作，积极推进应急管理体系和能力现代化，国务院印发《关于"十四五"国家应急体系规划》（国发〔2021〕36号）的通知（以下简称《规划》）。《规划》从应急管理体系不断健全、应急救援效能显著提升、安全生产水平稳步提高、防灾减灾能力明显增强等四个方面总结了"十三五"时期取得的工作进展。《规划》指出，"十四五"时期，我国发展仍然处于重要战略机遇期。以习近平同志为核心的党中央着眼党和国家事业发展全局，坚持以人民为中心的发展思想，统筹发展和安全两件大事，把安全摆到了前所未有的高度，对全面提高公共安全保障能力、提高安全生产水平、完善国家应急管理体系等做出全面部署，为解决长期以来应急管理工作存在的突出问题、推进应急管理体系和能力现代化提供了重大机遇。《规划》从风险隐患仍然突出、防控难度不断加大、应急管理基础薄弱三个方面总结概括了"十四五"时期应急管理面临的形势。

围绕壮大安全应急产业，《规划》从三个方面指明了路径。

一是优化产业结构。以市场为导向、企业为主体，深化应急管理科教产教双融合，推动安全应急产业向中高端发展。采用推荐目录、鼓励清单等形式，引导社会资源投向先进、适用、可靠的安全应急产品和服务。加快发展安全应急服务业，发展智能预警、应急救援救护等社区惠民服务，鼓励企业提供安全应急一体化综合解决方案和服务产品。

二是推动产业集聚。鼓励有条件的地区发展各具特色的安全应急产业集聚区，加强国家安全应急产业示范基地建设，形成区域性创新中心和成果转化中心。充分发挥国家安全应急产业示范基地作用，提升重大突发事件处置的综合保障能力，形成区域性安全应急产业链，引领国家安全应急技术装备研发、安全应急产品生产制造和安全应急服务发展。

三是支持企业发展。引导企业加大应急能力建设投入，支持安全应急领域有实力的企业做强做优，培育一批在国际、国内市场具有较强竞

第三十三章 2021年中国安全应急产业政策环境分析

争力的安全应急产业大型企业集团，鼓励特色明显、创新能力强的中小微企业利用现有资金渠道加速发展。

围绕安全应急产品和服务发展重点，《规划》指明了十个重点发展方向，具体见表33-1。

表33-1 安全应急产品和服务发展重点

序号	重点方向	具体产品
1	高精度监测预警产品	灾害事故动态风险评估与监测预警产品、危险化学品侦检产品等
2	高可靠风险防控与安全防护产品	救援人员防护产品、重要设施防护系统、工程与建筑施工安全防护设备、防护材料等
3	新型应急指挥通信和信息感知产品	应急管理与指挥调度平台、应急通信产品、应急广播系统、灾害现场信息获取产品等
4	特种交通应急保障产品	全地形救援车辆、大跨度舟桥、大型隧道抢通产品、除冰雪产品、海上救援产品、铁路事故应急处置产品等
5	重大消防救援产品	轨道交通消防产品、机场消防产品、高层建筑消防产品、地下工程消防产品、化工灭火产品、森林草原防灭火产品、消防侦检产品、消防员职业健康产品、消防员训练产品、高性能绿色阻燃材料、环境友好灭火剂等
6	灾害事故抢险救援关键装备	人员搜索与物体定位产品、溢油和危险化学品事故救援产品、矿难事故救援产品、矿山安全避险及防护产品、特种设备应急产品、电力应急保障产品、高机动全地形应急救援装备、大流量排涝排水装备、多功能应急电源产品、便携机动救援装备、密闭空间排烟装备、生命探测装备、事故灾难医学救护关键装备等
7	智能无人应急救援装备	智能无人应急救援装备：长航时大载荷无人机、大型固定翼航空器、无人船艇、单兵助力机器人、危险气体巡检机器人、矿井救援机器人、井下抢险作业机器人、灾后搜救水陆两栖机器人等
8	应急管理支撑服务	风险评估服务、隐患排查服务、检验检测认证服务等
9	应急专业技术服务	自然灾害防治技术服务、消防技术服务、安全生产技术服务、应急测绘技术服务、安保技术服务、应急医学服务等
10	社会化应急救援服务	航空救援服务、应急物流服务、道路救援服务、海上溢油应急处置服务、海上财产救助服务、安全教育培训服务、应急演练服务、巨灾保险等

《规划》对安全应急装备推广应用示范工作也进行了进一步强调部署实施安全应急装备应用试点示范和高风险行业事故预防装备推广工程，引导高危行业重点领域企业提升安全装备水平。在危险化学品、矿山、油气输送管道、烟花爆竹、工贸等重点行业领域开展危险岗位机器人替代示范工程建设，建成一批无人少人智能化示范矿井。通过先进装备和信息化融合应用，实施智慧矿山风险防控、智慧化工园区风险防控、智慧消防、地震安全风险监测等示范工程。针对地震、滑坡、泥石流、堰塞湖、溃堤溃坝、森林火灾等重大险情，加强太阳能长航时和高原型大载荷无人机、机器人以及轻量化、智能化、高机动性装备研发及使用，加大 5G、高通量卫星、船载和机载通信、无人机通信等先进技术应急通信装备的配备和应用力度。

第三节 微观层面：统筹疫情防控和经济社会发展构筑高效韧性的应急物流保障体系

2022 年以来，面对百年变局和世纪疫情相互叠加的复杂局面，在以习近平同志为核心的党中央坚强领导下，我国经济运行总体实现平稳开局。当前，经济发展面临诸多复杂因素，发展态势备受关注。4 月底召开的中央政治局会议，分析研究当前经济形势和经济工作，围绕努力实现全年经济社会发展预期目标做出一系列重大部署。这次重要会议强调：疫情要防住、经济要稳住、发展要安全，这是党中央的明确要求。

中央政治局会议对当前经济形势做出全面研判：新冠肺炎疫情和乌克兰危机导致风险挑战增多，我国经济发展环境的复杂性、严峻性、不确定性上升，稳增长、稳就业、稳物价面临新的挑战。做好经济工作、切实保障和改善民生至关重要。会议聚焦稳住市场主体、保粮食能源安全、稳就业保民生、保通畅保运转做出部署，会议提出，要稳住市场主体，对受疫情严重冲击的行业、中小微企业和个体工商户实施一揽子纾困帮扶政策。确保已出台的减负纾困"组合拳"尽快落地显效，地方也要加大帮扶力度，通过稳住市场主体，稳住经济基本盘。针对当前产业链供应链和物流领域存在的堵点卡点，会议强调，要坚持全国一盘棋，确保交通物流畅通，确保重点产业链供应链、抗疫保供企业、关键基础设施正常运转。

为深入贯彻落实党中央、国务院决策部署，统筹疫情防控和经济社会发展，全力保障货运物流特别是医疗防控物资、生活必需品、政府储备物资、邮政快递等民生物资和农业、能源、原材料等重要生产物资的运输畅通，切实维护人民群众正常生产生活秩序，国务院应对新型冠状病毒感染肺炎疫情联防联控机制出台了《关于切实做好货运物流保通保畅工作的通知》（国办发明电〔2022〕3号）（以下简称《通知》），《通知》从全力畅通交通运输通道、优化防疫通行管控措施、全力组织应急物资中转、切实保障重点物资和邮政快递通行、加强从业人员服务保障、着力纾困解难维护行业稳定、精准落实疫情防控举措等七个方面提出了明确的工作要求。

《通知》特别强调，各地区、各部门要全面落实小规模纳税人免征增值税、实施留抵退税，以及缓缴养老、失业、工伤保险费等政策。引导金融机构创新符合交通运输业特点的动产质押类贷款产品，盘活车辆等资产，对信用等级较高、承担疫情防控和应急运输任务较多的运输企业、个体工商户加大融资支持力度等具体纾困解难的具体措施。

第三十四章

2021年中国安全应急产业重点政策解析

第一节 《"十四五"国家应急体系规划》

2022年2月14日,国务院印发《"十四五"国家应急体系规划》(国发〔2021〕36号)(以下简称《规划》),对我国"十四五"时期安全生产、防灾减灾救灾等工作进行全面部署。《规划》是为全面贯彻习近平总书记关于应急管理工作的一系列重要指示和党中央、国务院决策部署,根据《中华人民共和国国民经济和社会发展第十四个五年规划和2035年远景目标纲要》制定的,是新发展阶段提升我国应急管理体系和能力现代化的总体要求。

一、政策要点

(一)《规划》对我国"十四五"时期应急体系建设提出了总体要求

根据《规划》,到2025年,我国应急管理体系和能力现代化建设取得重大进展,形成统一指挥、专常兼备、反应灵敏、上下联动的中国特色应急管理体制,建成统一领导、权责一致、权威高效的国家应急能力体系,防范化解重大安全风险体制机制不断健全,应急救援力量建设全面加强,应急管理法治水平、科技信息化水平和综合保障能力大幅提升,安全生产、综合防灾减灾形势趋稳向好,自然灾害防御水平明显提升,全社会防范和应对处置灾害事故能力显著增强。到2035年,建立与基本实现现代化相适应的中国特色大国应急体系，全面实现依法应急、科学应急、智慧应急，形成共建共治共享的应急管理新格局。《规划》还对我国"十四五"时期应急体系建设提出了7个直观量化指标，其中包括生产安全事故死亡人数下降15%、重特大生产安全事故起数下降20%、单位国内生产总值生产安全事故死亡率下降33%、工矿商贸生产安全事故死亡率下降20%共4个约束性指标，作为"十四五"时期安全生产工作必须守住的红线。

（二）《规划》部署了七方面重点任务

为实现应急管理体系建设的总体目标，《规划》提出七大任务，从多方面发力，为经济社会发展筑牢安全屏障，一是深化体制机制改革，构建优化协同高效的治理模式；二是夯实应急法治基础，培育良法善治的全新生态；三是防范化解重大风险，织密灾害事故的防控网络；四是加强应急力量建设，提高急难险重任务的处置能力；五是强化灾害应对准备，凝聚同舟共济的保障合力；六是优化要素资源配置，增进创新驱动的发展动能；七是推动共建共治共享，筑牢防灾减灾救灾的人民防线。

（三）《规划》提出五个重大工程项目

为夯实高质量发展的安全基础，将实现目标的工作落到实处，《规划》提出了17个小类的重大工程项目，以提升管理创新、风险防控、巨灾应对、综合支撑和社会应急能力，如表34-1。此外，《规划》还从加强组织领导、投入保障和监督评估等三方面提出了建立健全规划实施保障的机制与举措，确保任务和工程项目顺利实施。

表34-1 《"十四五"国家应急体系规划》提出的重大工程项目

序号	大　类	小　类
1	管理创新能力提升工程	应急救援指挥中心建设
		安全监管监察能力建设
2	风险防控能力提升工程	灾害事故风险区划图编制
		风险监测预警网络建设
		城乡防灾基础设施建设
		安全生产预防工程建设

续表

序号	大　类	小　类
3	巨灾应对能力提升工程	国家综合性消防救援队伍建设
		国家级专业应急救援队伍建设
		地方综合性应急救援队伍建设
		航空应急救援队伍建设
		应急物资装备保障建设
4	综合支撑能力提升工程	科技创新驱动工程建设
		应急通信和应急管理信息化建设
		应急管理教育实训工程建设
		安全应急装备推广应用示范
5	社会应急能力提升工程	基层应急管理能力建设
		应急科普宣教工程建设

（四）《规划》对发展安全应急产业指明了方向

"壮大安全应急产业"列入了《规划》。经济社会的稳定进步与安全应急产业的发展密不可分。《规划》所提出的优化产业结构、推动产业集聚、支持企业发展也与目前安全应急产业发展的需求相吻合，具有很强的针对性。加快安全应急产业发展，推动先进安全应急技术和产品的研发及推广应用，强化源头治理、消除安全隐患，打造新经济增长点，将有利于安全应急产业高质量发展。

二、政策解析

（一）《规划》是在深入分析我国应急管理工作现状和面临形势基础上提出的系统部署

党中央、国务院高度重视安全生产与应急管理工作，提出了一系列指示和工作部署。"十三五"时期，应急管理工作取得重大进展，全国安全生产水平稳步提高，实现了事故总量、较大事故、重特大事故持续下降，防灾减灾救灾能力提升。特别是应急管理部组建以来，在顶层设计、机制制度、基础能力、监管服务等方面增强了应急管理工作的系统性和整体性。"十四五"时期是我国开启全面建设社会主义现代化国家新征程、向第二个百年奋斗目标进军的第一个五年。党中央、国务院坚持以人民为中心的发展思想，统筹发展和安全，对安全的重视提升到一个新的高度，对实现更高质量、更有效率、更加公平、更可持续、更为安全的发展做出部署，为做好新时期应急管理工作指明了方向，也为推进应急管理体系和能力现代化提供了重大机遇。

《规划》正是在这样的重大历史机遇和现实背景中制定的。为使国家应急体系规划更贴合我国发展实际，更好为未来一段时间应急管理工作提供指导，《规划》分析了我国"十三五"时期取得的工作进展，包括应急管理体系不断健全、应急救援效能显著提升、安全生产水平稳步提高、防灾减灾能力明显增强。但也必须清醒地认识到，我国是世界上自然灾害最为严重的国家之一，安全生产工作也正处于爬坡过坎、着力突破瓶颈制约的关键时期。各类安全风险隐患仍然突出，防控难度不断加大，应急管理基础依然薄弱。安全风险不确定性明显增加，应急管理工作艰巨而复杂，迫切需要继续坚持全国一盘棋，在国家层面统筹谋划防范化解重大安全风险的目标任务，促进应急管理能力提升，达到新时期国家治理能力现代化的要求。

（二）应急管理体系和能力现代化是高质量发展的必然要求

《规划》指出，我国安全生产基础薄弱的现状在短期内难以改变，传统高危行业安全风险隐患突出，新产业、新业态、新模式大量涌现，灾害事故发生的复杂性和耦合性进一步增加，提升应急管理体系和能力成为建设更高水平平安中国、实现高质量发展的必然要求。《规划》按照国家"十四五"专项规划编制工作的统一部署和应急管理领域"1+2+N"规划体系布局（"1"即《"十四五"国家应急体系规划》）制定，是"十四五"时期应急管理领域的最高规划。在总体思路上，《规划》坚持以"人民至上、生命至上"为理念，提出坚持以人民为中心的发展思想，始终做到发展为了人民、发展依靠人民、发展成果由人民共享，始终把保护人民生命财产安全和身体健康放在第一位，全面提升国民安全素质、应急意识，促进人与自然和谐共生。《规划》以推动高质量发展为主题，深入推进应急管理体系和能力现代化，聚焦事故灾难和自然灾害两大类突发事件，提出要坚决遏制重特大事故，最大限度降低灾害事故损失,全力保护人民群众生命财产安全和维护社会稳定,为建设更高水平的平安中国和全面建设社会主义现代化国家提供坚实安全保障。

(三)《规划》突出了防范化解重大安全风险这一主线

坚持预防为主和坚持精准治理是《规划》提出的两项基本原则。《规划》坚持综合减灾理念,坚持以防为主、防抗救相结合,紧紧抓住"防"和"救"这两大环节,努力实现从灾后救助向灾前预防转变,从减少灾害损失向减轻灾害风险转变。《规划》将防范化解重特大灾害风险作为应急管理工作核心任务,充分认识灾害事故的分布规律和致灾机理。在主要任务方面,《规划》提出要通过加强风险评估、科学规划布局、强化风险监测预警预报、深化安全生产治本攻坚和加强自然灾害综合治理四个方面织密灾害事故的防控网络。《规划》明确,探索建立自然灾害红线约束机制,加强超大特大城市治理中的风险防控,严格控制区域风险等级及风险容量,编制自然灾害风险和防治区划图;优化自然灾害监测站网布局,完善应急卫星观测星座,构建空、天、地、海一体化全域覆盖的灾害事故监测预警网络;提升自然灾害防御工程标准和重点基础设施设防标准,提高重大设施设防水平。这与《规划》提出的"灾害事故风险防控更加高效、大灾巨灾应对准备更加充分"的目标相一致。

(四)提高全社会应对处置能力是共建共治共享应急管理格局形成的保障

筑牢防灾减灾救灾的人民防线,需要坚持把群众观点和群众路线贯穿于工作之中,不断强化联防联控、群防群治,提升全社会的安全意识。要实现应急能力的提升,一方面需要专业高效的应急队伍,需要反应迅速的指挥中心,需要科学合理的应急物资储备,另一方面更需要各方积极参与的救援力量,需要规范有序、充满活力的社会应急力量。为此,《规划》不仅明确从加强应急救援主力军国家队、提升行业救援力量专业水平、加快建设航空应急救援力量、引导社会应急力量有序发展四方面提高急难险重任务的处置能力,并提出建成国家应急指挥总部,推进区域应急救援中心工程建设,健全完善应急物资保障体系,构建快速通达、衔接有力、功能适配、安全可靠的综合交通应急运输网络,壮大安全应急产业，同时通过提升基层治理能力、加强安全文化建设和健全社会服务体系等推动全社会现代化应急能力提升。

第二节 《国家安全应急产业示范基地管理办法（试行）》

一、政策要点

（一）出台背景

2012 年工业和信息化部协同原国家安监总局秉承"经济快速稳定安全发展"的宗旨，联合发布了《关于促进安全产业发展的指导意见》，首次提出有条件的省市地区要迅速稳妥"建立一批产业技术成果孵化中心、产业创新发展平台和产业示范园区（基地）"的要求；2014 年国务院办公厅《关于加快应急产业发展的意见》出台，明确提出"根据区域突发事件特点和产业发展情况，建设一批国家应急产业示范基地，形成区域性应急产业链，引领国家应急技术装备研发、应急产品生产制造和应急服务发展"指导性意见。截至 2019 年，全国有 11 个园区先后通过了国家安全产业示范园区或创建单位的审批，有 20 家产业基地获得批复为国家应急产业示范基地。安全产业得以顺利发展：首先是 2013 年两部门经过考察，先后批复江苏徐州、辽宁营口、安徽合肥和山东济宁等地为开展国家安全产业示范园区试点；2018 年，工业和信息化部、应急管理部又联手出台了《国家安全产业示范园区创建指南（试行）》，各省市以此为契机，广东佛山南海区和陕西西安高新区先后获批国家安全产业示范园区；截至 2019 年 10 月，湖南株洲、吉林长春、江苏如东、浙江温州和广东肇庆共五个园区先后通过了国家安全产业示范园区评审。2015 年，工业和信息化部、国家发展改革委、科技部三部委联合出台了《国家应急产业示范基地管理办法（试行）》，同年三部委经审查，批复确定 7 个基地为国家首批应急产业示范基地，其中包括中关村科技园区、丰台园区等；2017 年，确定 5 个第二批国家应急产业示范基地，包括辽宁省抚顺经济开发区等基地；2019 年，8 个产业集聚区确定为第三批国家应急产业示范基地，包括唐山开平应急装备产业园等。

（二）主要内容

2021年4月，为将《中共中央国务院关于推进安全生产领域改革发展的意见》和《国务院办公厅关于加快应急产业发展的指导意见》的战略布局、重点任务落到实处，引导企业注入活力，集聚发展安全应急产业，优化提升安全应急产品创新生产，完成区域布局；指导规范各省市科学有序推进国家安全应急产业示范基地培育的开展，由工信部组织，中国电子信息产业发展研究院安全产业研究所等单位积极参与，编制的《国家安全应急产业示范基地管理办法（试行）》（以下简称《管理办法》）顺利出台。这是在工信部于2020年经研究决定，整合安全产业和应急产业统一为安全应急产业之后，针对创建国家安全应急产业示范基地重点任务的进一步明确。

二、政策解析

（一）申报主体和类型

申报单位应是具有安全应急优质产业，且应急产业特色鲜明、对安全应急产品技术服务创新、优化升级产业链，具有示范带动作用；各地方政府设立的开发区、工业园区（集聚区）、国家规划重点布局的产业发展区域必须有法可依、有规可循。

示范基地的建设要经历培育期和发展期两个过程，其中处于培育期的示范基地隶属创建单位。申报单位可在综合类和专业类示范基地进行选择申报。综合类示范基地要满足相关产品或服务涉及面广，满足多个专业领域的需求，且要达到国内先进水平、有较高的市场占有率、相关产品规模效益突出的示范基地（含创建）；而相关产品或服务在某一专业领域达到国际先进水平，且有较高的市场占有率，产品具备一定规模效益的示范基地（含创建）界定为专业类示范基地。

（二）申报流程

申报单位根据自身情况向所在省的工业和信息化主管部门提交国

家安全应急产业示范基地（含创建）类别申请，同时登录国家安全应急产业大数据平台申报系统，根据要求提交真实详尽的相关申报材料。通过省级工业和信息化主管部门、同级发展改革委、科学技术主管部门根据申报材料核实审查，由其出具书面推荐意见。工业和信息化部、国家发展改革委、科学技术部联合组织有关专家对申报单位进行现场考核及答辩，评审通过，最终由三部委行使命名权。

（三）动态管理机制

培育期满三年，示范基地创建单位经由三部委评估，凡是满足示范基地条件的单位，由三部委联合命名"国家安全应急产业示范基地"；尚未达到示范基地条件但又具备创建单位条件的单位，可延长培育期两年，其间再次评估仍未达到示范基地条件的单位，公告撤销其国家安全应急产业示范基地创建单位称号。如果示范基地在定期评审中条件仍欠缺的，经由三部委对其通报、责令整改，考察期为两年，期满再次评审仍未满足条件要求的，公告撤销其命名。对于连续两年未按规定提交年度工作总结和计划的单位，撤销其称号。

（四）设立完善指标体系

示范基地申报指标考察分为6个方面，即产业构成、创新能力、质量保障、环保安全、发展环境、应用机制，重点考察申报单位在安全应急产业领域的经济体量、企业资质、科研能力、产品质量、产业特色及优势、宏观把握、应用保障机制等内容，确保指标体系设置科学合理，精准掌握申报单位现有状况及发展空间，引导产业健康快速发展。

以实地调研、座谈研讨、意见征集、专家论证等方式，对产业构成中针对申报单位安全应急产业产品年销售收入（指标1.1）的指标科学设置，进行研讨。据掌握的调查结果显示，现有已批复的国家应急产业示范基地20家、国家安全产业示范园区（含创建）6家、已通过评审的国家安全产业示范园区创建单位（以下简称园区和基地）有5家，共31家，其中安全应急产业产品年销售收入在100亿元以上的有23家，在80亿元至100亿元之间的有3家，60亿元至80亿元之间的有2家，60亿元以下的1家。将产品"年销售收入"指标设定为目前数值（如指标 1.1 中所示），还是较为科学合理的，指标设定既考察了申报单位产业基础、利于产业规模稳定增长，也很好地避免企业之间无序竞争、一哄而上。此外，在所申报的领域具有一定的上下游完整的配套产业链也是申报基地创建单位所必需的。

"申报领域数量"（指标 1.2）以即将出台的《安全应急产业分类指导目录（2021 版）》（以下简称《目录》）为依据，要求申报综合类示范基地（含创建）的创建单位，其安全应急产业要涉及两个及两个以上的专业领域（即《目录》中一级目录）；申报专业类示范基地（含创建）的创建单位，其安全应急产业至少要涉及同一个专业领域。同时，满足每一个专业领域所拥有的产品或提供的服务要包含若干个该领域下的二级目录或三级目录内容，以支撑起该领域的产业结构。

创新能力指标明确要求示范基地创建单位拥有的相关领域省级以上研发机构不能少于 3 家，其中如果申报主体拥有的相关领域包含安全应急服务，那么相关领域的省级以上研发机构不得少于 2 家；基地内相关领域企业单位研发投入与销售收入的比例不能小于 2%；企业每亿元主营业务收入来源不少于 0.3 件有效发明专利，另不能少于 20%相关领域有效发明专利；基地需要建立健全产学研用合作机制，建立完善共性技术研发和推广应用平台。

此外，安全应急产业示范基地在以产业来促进提升地区安全环保水平的同时，自身是否具有安全和环保的能力更是重点考察审查的。《办法》规定示范基地创建单位需要建立健全基地安全监管机制，地方和主管部门的监管责任必须落实到位，要严格管控安全生产源头，建立健全风险分级管控和排查治理安全隐患的预防控制体系。

因所生产的安全应急产品及所提供的服务造成重大不良影响的示范基地（含创建），由工业和信息化部、国家发展改革委、科学技术部三部委给予其警告；后果严重的，撤销其命名。工业和信息化部、国家发展改革委、科学技术部大力支持示范基地（含创建）健康发展。在产学研合作、技术推广、标准制定、项目支持、资金引导、交流协作、应用示范、应急物资收储等方面根据示范基地（含创建）内单位的实际情况给予大力支持及重点指导。

第三节 《安全应急产业分类指导目录(2021年版)》

为有效解决社会各界对安全应急产业的范畴、分类认知的争议,工业和信息化部办公厅、国家发展改革委办公厅、科技部办公厅《关于组织开展2021年度国家安全应急产业示范基地申报和评估工作的通知》(工信厅联安全函〔2021〕154号)中,将《安全应急产业分类指导目录(2021年版)》(以下简称《目录》)作为该文件的附件公布出来。

一、政策要点

(一)《目录》进一步明确了安全应急产业范畴

为加强对安全产业、应急产业发展的归口、统筹指导,工业和信息化部于2020年将安全产业和应急产业整合为安全应急产业,并在《国家安全应急产业示范基地管理办法(试行)》(工信部联安全〔2021〕48号)中,进一步明确了"安全应急产业是为自然灾害、事故灾难、公共卫生事件、社会安全事件等各类突发事件提供安全防范与应急准备、监测与预警、处置与救援等专用产品和服务的产业"。《目录》的出台,进一步明确了安全应急产业范畴,完善了产业理论体系。

《目录》将安全应急产业划分为大类、中类和小类共三级目录。按照安全应急产业为突发事件提供事前预防、事中处置、事后恢复的产品、技术和服务的目的,将其分为"安全防护类""监测预警类""应急处置救援类"和"安全应急服务类"等四个大类目录。其中,"安全防护类"是指对人、物、环境、设备等直接提供保护作用的产品或技术;"监测预警类"是指能够为突发事件提供事前预测预警的系统、装备等产品或技术;"应急处置救援类"是指为突发事件的救援处置过程中提供的具体物资、产品或装备等;"安全应急服务类"是指围绕市场需求,为了保障安全应急需要而采取的支撑服务。在具体分类中,根据部门管理和安全应急保障活动的场景需要及产品功能等,又分为21个中类目录和119个小类目录。

（二）《目录》紧密围绕四大类突发事件

《目录》以为自然灾害、事故灾难、公共卫生事件、社会安全事件等各类突发事件提供安全防范与应急准备、监测与预警、处置与救援等专用产品和服务为主线，突出安全应急产业以预防和减少突发事件发生、满足安全应急需求的根本目标，并不涉及食品安全、网络安全等。

《目录》主要内容来源于安全应急保障活动中常见和专用的产品、设备、装备、部件、系统和服务等，并参考了《统计用产品分类目录》《国民经济行业分类》《应急产业重点产品和服务指导目录（2015年）》和《应急保障重点物资分类目录（2015年）》等。

（三）《目录》具备了一定的灵活性

按照安全应急产业所能提供的产出形式，《目录》重点对安全应急"产品"与"服务"进行了分类，技术属于专用产品或服务的一种，融入其中，所以不单独进行分类。同时，部分产品或服务的分类按照"通用性与行业专用性兼顾"的原则来分，就是说如果某种产品或服务具有通用性，就将通用的归为一类，如安全帽既属于通用的头部防护产品，也属于建筑或矿山行业专用安全防护设备，就将安全帽划分为通用的"头部防护产品"类。

当一个产品或服务对外可适用于两种以上的生产活动时，占其所适用生产活动份额最大的一种活动称为主要活动。如果无法用活动份额来确定的主要活动，可依据产品或服务在这一生产活动中的应用程度、营业收入或从业人员来确定主要活动。这时，将产品或服务划分到主要活动一类选项中。

此外，为了科学、完整、准确地反映安全应急活动，《目录》对部分内容作了特殊处理。在中类产品中的各小类下设置了"其他"项目，表示其他同类型的产品或服务无法一一列出，各行业单位在统计时可适当根据本单位的实际情况对产品或服务进行归类，其目的是使分类完整、简便、实用。

二、政策解析

(一) 出台背景

近年来,随着《关于加快应急产业发展的意见》(国办发〔2014〕63号)和《关于促进安全产业发展的指导意见》(工信部联安〔2012〕388号)文件的出台,从国家层面明确了安全产业和应急产业的概念。2015年出台的《应急产业重点产品和服务指导目录(2015年)》,明确了应急产业的范畴。但从目前来看,社会各界对两个产业的范畴、分类认知存在争议,两个产业的理论体系也尚未健全,急需从政府层面加以完善。

为加强对安全产业、应急产业发展的归口和统筹指导,工业和信息化部于2020年将安全产业和应急产业整合为安全应急产业,为尽快明确安全应急产业概念和范畴,完善产业理论体系,有效引导产业发展,《目录》应运而生。

(二)《目录》的编制具有重要指导意义

《目录》的编制有助于帮助我们摸清安全应急产业的范围,对统计部门、主管部门和各地方开展安全应急产业统计、完善安全应急产业统计制度具有重要指导意义,而且也为国家统计局、主管部门共同组织开展统计调查、数据核算等工作奠定了良好基础。该目录为研制安全应急产业政策、推广应用安全应急可靠的重大技术装备、丰富安全应急产业投融资平台建设等相关工作的开展提供重要依据,对经济发展新常态下加快发展安全应急产业产生积极的指导和引导作用。以此为契机,积极申请将安全应急产业统计正式纳入国家统计分类体系中,成为指导现阶段安全应急产业各项工作开展的重要基础性文件。目前,青岛已经开展了将安全应急产业纳入统计范畴的试点工作,并取得了一定成效。

同时,《目录》对地方进一步明确安全应急产业发展方向具有重要指导作用。具体来看,归属于安全应急产业的领域可包括以下类别:

安全防护类:个体防护类、安全材料类、专用安全生产类、其他安全防护类。

监测预警类:自然灾害监测预警类、事故灾难监测预警类、公共卫生事件监测预警类、社会安全事件监测预警类、通用监测预警类、其他监测预警类。

应急救援处置类：现场保障类、生命救护类、环境处置类、抢险救援类、其他应急救援处置类。

安全应急服务类：评估咨询类、检测认证类、应急救援类、教育培训类、金融服务类、其他安全应急服务类。

第四节 《关于组织开展 2021 年安全应急装备应用试点示范工程申报的通知》

2021 年 7 月 13 日，工业和信息化部、国家发展和改革委员会、科学技术部、应急管理部联合发布了《关于组织开展 2021 年安全应急装备应用试点示范工程申报的通知》(工信厅联安全函〔2021〕11 号，以下简称《通知》)，2021 年度安全应急装备应用试点示范工程申报工作正式开始。《通知》依照工业和信息化部办公厅、国家发展和改革委员会办公厅和科学技术部办公厅于 2020 年 12 月 25 日联合发布的《安全应急装备应用试点示范工程管理办法（试行）》(工信厅联安全〔2020〕59 号，以下简称《管理办法》)实施。《通知》围绕《管理办法》规定的自然灾害防治、重点行业领域生产安全事故预防与应急处置、重大传染病疫情防治、城市公共安全等重点领域进行项目征集，遵循"政府引导、企业自愿、问题导向、重点突破、示范带动、有序推进、科学评价、注重成效"的原则进行，围绕自然灾害、事故灾难、公共卫生、社会安全等四大类突发事件的安全应急保障需求，探索"产品+服务+保险""产品+服务+融资租赁"等应用新模式，努力将安全应急产业企业、金融机构和安全应急保障产品的用户联系起来，以具体项目为契机，通过供需双方联动申报，鼓励金融机构主动参与、解决安全应急产业重点项目的资金问题。

一、政策要点

（一）《通知》提出了试点示范目标及实施思路

《通知》将"为遏制重点行业重特大事故发生态势、提升自然灾害防治能力、培育安全应急文化提供技术装备支撑"作为安全应急装备应用试点示范的核心目标,并明确提出了多条实施思路以实现试点示范目标:第一,要聚焦 5G、人工智能、工业机器人、新材料等在安全应急装备智能化、轻量化等方面的集成应用,将新一代信息技术、自动化智能化技术装备与其他新兴领域和安全应急产业结合起来,通过智能化、轻量化增强安全应急技术装备适用、好用能力,提升居民和企业安全应急技术装备应用水平,从而实现安全应急技术装备的广泛推广应用;第二,要探索"产品+服务+保险""产品+服务+融资租赁"等应用新模式,构建生产企业、用户、金融保险机构等各类市场主体多方共赢的新型市场生态体系,通过服务型制造+金融服务的模式,以服务为主、带动敏捷制造,形成高质量、高附加值、定制化的实体产品和服务产品,并依托金融服务为企业扩大规模、推出新产品提供资金保障,形成互相促进、互相发展的良性循环;第三,要促进先进、适用、可靠的安全应急装备工程化应用和产业化进程,以高质量供给促进国内安全消费,通过提升安全应急技术装备产业化水平,增强我国突发事件安全应急保障能力,全面提升安全应急产业的供给能力和盈利水平,借助我国不断凸显的安全应急保障需求参与内循环经济模式,通过产业化发展吸引更多企业加入安全应急产业发展大局中,从而提升产业供给质量和消费能力。

(二)《通知》明确了试点示范内容

《通知》按照"急用先行"的原则,围绕矿山安全、危险化学品安全、自然灾害防治、安全应急教育服务四个方面,从安全生产监测预警系统、机械化与自动化协同作业装备、事故现场处置装备等 16 个重点方向提出了系列实施要素。矿山安全应用试点示范项目方面,《通知》提出要重点示范矿山安全生产智能监测预警系统、矿山安全生产管理信息化系统、矿用机械化、自动化协同作业装备和矿山事故应急救援装备;危险化学品安全应用试点示范项目方面,《通知》指出要重点示范危险化学品安全生产智能监测预警系统、危险化学品生产少人化无人化工程和重特大危险化学品事故现场处置装备;自然灾害防治应用试点示范项目方面,《通知》指出要重点示范森林草原火灾监测预警系统、森林草原灭火装备、地震灾害监测预警系统、地质灾害监测预警系统、洪涝灾害防范及处置装置；安全应急教育服务应用试点示范项目方面，《通知》指出要重点示范安全与应急体验科普教育设施、安全生产"互联网+"培训平台、安全应急公共服务平台、安全文化成果传播与产业化工程。《通知》明确了16个重点方向的示范应用成效和示范要求，提升安全应急保障能力是其共性特点。

（三）《通知》提出了申报要求

在申报资格方面，《通知》积极探索"产品+服务+保险""产品+服务+融资租赁"等应用新模式，要求示范工程项目应由装备制造企业、软件企业、服务提供商与用户单位或金融保险机构等组成联合体申报，且单一企业原则上不予受理。为保障申报项目建设示范质量、在维护牵头单位积极性的同时努力扩大受众，《通知》要求每个牵头单位可最多申报2个项目，每个项目仅可选择1个试点方向。在申报条件上，《通知》发布了《安全应急装备应用试点示范工程实施要素指南（2021年）》，在提出16个具体方向的同时明确了相关示范项目的具体示范条件，同时要求试点示范工程应具备技术先进性、应用实效性、模式创新性、示范带动性等特点。在申报流程上，则实行由下至上的方式进行，通过层层把关、层层推荐，促使地方政府详细了解、支持中央政策，并保证申报项目的实际质量。

二、政策解析

（一）出台背景

为深入贯彻落实党的十九届五中全会精神，统筹发展和安全，支撑安全保障和防灾减灾救灾能力建设，推动先进安全应急装备科研成果工程化应用，提升全社会本质安全水平和突发事件应急处置能力，工业和信息化部、国家发展和改革委员会、科学技术部、应急管理部等决定依照《安全应急装备应用试点示范工程管理办法（试行）》的要求，组织开展2021年安全应急装备应用试点示范工作。《管理办法》指出，要按照"急用先行"的原则，围绕矿山安全、危险化学品安全、自然灾害防治、安全应急教育服务四个方面，从安全生产监测预警系统、机械化与自动化协同作业装备、事故现场处置装备等 16 个重点方向开展安全应急装备应用试点示范工作。在政策延续性上，安全应急装备应用试点示范工程继承了 2015 年至 2017 年间由科技部、工信部、原国家安全监管总局等印发的多批淘汰落后安全技术装备或推广先进安全技术装备目录的有关精神，在通过推广先进安全技术装备提升生产安全的理念上异曲同工，但前者的保障范围更广、保障能力更强，在新技术、新业态与安全应急技术装备融合上优势明显，更加强调引入安全应急产业企业急需的金融服务来推进先进安全应急装备的产业化试点示范应用。

（二）数字化、智能化、无人化是安全应急装备应用试点示范工程的重要关注点

《通知》提出了 16 个重点应用试点示范工程申报方向，除森林草原灭火装备和安全文化成果传播与产业化工程两项外，其余 14 项说明中均涉及了数字化、智能化与无人化要求。作为具有提升安全应急应用及管理效率、减少人与危险源接触水平、降低突发事件对人员伤害的关键技术，数字化、智能化、无人化安全应急技术装备能够在有效提升人员安全保障能力的同时，增强相关装备的产品附加值，再长期降低企业人工操作和维护费用，从而提升安全应急装备的市场竞争力与产业化水平。《通知》对于数字化、智能化、无人化安全应急技术装备的关注，不仅有利于安全应急装备适应当前全产业链数字化、智能化发展趋势，也有利于提升安全应急产业发展质量、增强我国对各类突发事件的应对能力。

（三）示范应用新模式为产业化发展打下良好基础

《通知》开展的安全应急装备应用试点示范工程，积极探索"产品+服务+保险""产品+服务+融资租赁"等应用新模式，并就安全应急教育服务应用试点示范项目推出了 4 个重点试点示范工程申报方向，从服务着手优化安全应急装备产业化发展环境，为安全应急产业以装备为核心高质量发展提供了很好的政策基础。一方面，《通知》和《管理办法》通过在试点示范工程中引入金融机构，通过市场化方式着力解决产业化资金落地问题，鼓励供需双方合作打造长期安全应急产业金融服务支持

平台；另一方面，《通知》明确鼓励对安全应急教育服务应用进行试点示范，以期快速提升我国安全应急宣教能力，提升我国居民群众对突发事件的防范意识，促进安全生产和应急救援专业知识进一步普及，为安全应急装备推广和产业化发展提供肥沃土壤。

热 点 篇

第三十五章

四川凉山州冕宁县"4·20"森林火灾扑救

第一节 事件回顾

2021年4月20日16时30分,四川省凉山州冕宁县石龙镇马鞍村发生森林火灾。据资料显示,火场区域山高坡陡、沟壑纵横,平均坡度近60°,部分地段断崖密布、消防人员难以接近,是典型的高山峡谷地形。区内林相主要为阔叶林,周边无居民和重要设施。从当时火势发展来看,受区内安宁河谷地域性气候条件影响,火场中午至傍晚气温持续攀升、风力变大,最高温达到36℃以上,火势发展极不稳定,尤其是在4月23日下午,极端天气导致风向突变、瞬时风力极大(瞬时达8级),西线南侧(距北侧火线直线距离2.53公里山顶处)突发飞火,形成新的火场,超出防控范围,火势发展严重程度超出预期,并且火场内站杆、倒木较多,林下杂灌密布、腐殖层厚,燃点低,遇有陡峭山地燃烧的松果、倒木滚落,很容易引发新的火点,严重威胁冕宁县城人民生命财产安全和灵山寺景区。

森林火灾发生后,国家森防指办公室、应急管理部持续调度指导,派出工作组赴四川指导支持地方开展火灾扑救工作,四川省政府负责人带领工作组前往火场一线进行指挥扑救工作,充分利用新建的防火通道、隔离带和配置的装备设施等条件进行扑救。在扑救过程中,火场东北及北线稳控,西北、西南两线发展较为迅猛,以四川森林消防总队为主力,配属地方力量用水车远程供水,采取"以水灭火,打清结合"的战法攻火头、打险段,兵分5路以水泵灭火扑打火场东北线和西北线明火,清理火场余火,6架直升机配合实施吊桶洒水作业,地方专业扑火队参与扑救、清理看守火场。为实施科学精确指挥,四川省森林消防总队各级指挥员在组织队伍接近火线前,率先前出勘察、利用无人机空中巡查和红外望远镜、夜视仪补充侦查,全面掌握火场态势和因植被遮挡、夜色笼罩容易遗漏的火点、烟点,合理确定突破口位置和扑救路线。

最终,经森林消防队伍、消防救援队伍、应急航空救援力量、地方专业防扑火队伍、解放军和武警部队等2300余人、6架直升机历时6天持续扑救,明火于26日13时被成功扑灭,火场区域133户500人紧急避险,安全转移可能受到影响的585户2611名群众,确保了人民群众生命安全。2022年1月应急管理部举行发布会,将四川凉山州冕宁县"4·20"森林火灾扑救列入2021年全国应急救援、生产安全事故十大典型案例。

第二节 事件分析

一、事故原因

根据调查,本次四川凉山州冕宁县"4·20"森林火灾的直接原因:冕宁复兴镇一男子在石龙镇马鞍村照看蜂箱后,在旁边一林地边坡吸烟,随手丢弃烟头而引发,属于人为因素。据统计,2006—2019年冕宁县森林火灾共发生211起,人为用火引发有195起,占92.4%,其中生产性用火(包括烧地边、烧荒地等)53起,占森林火灾总次数的25.1%,非生产性用火(包括小孩玩火、野外吸烟、违章用火、野外用火、祭祀用火等)142起,占森林火灾总次数的67.3%。

根据资料,冕宁县地处凉山彝族自治州北部,是长江上游重要的生态屏障,森林资源丰富,植被类型多样,气候条件独特,是四川省乃至全国森林火灾高危地区之一,林火防范形势异常严峻。从客观因素来看,气候因素和植被类型也是导致本次"4·20"森林火灾和增大扑救难度的重要原因。从气候因素角度分析,冕宁县每年11月至次年4月,降水量只占全年总量的 7.5%，2—4 月份明显呈现相对湿度较低、风速较高的趋势，这些因素均可能导致林下可燃物蒸发量增大，火险程度升高，较易发生森林火灾。从植被类型因素角度分析，冕宁县云南松林区面积占森林的 29.7%，云南松林松脂含量高、燃点低，遇明火会快速燃烧，极易形成树冠火，并且由于云南松林分布区海拔较低，更接近当地农区，在防火期天气干燥，遇火星引燃可能性大大增加。此外，占森林面积较多的冷云杉、杨树、桦木、栎木等易燃烧树种或可燃类树种，增大了森林火灾发生的可能性和火灾扑救难度。

二、事故经验与教训

（一）事故经验

在本次四川凉山州冕宁县"4·20"森林火灾扑救过程中，整体组织有序，未造成人员伤亡，总结经验有以下三点。

一是坚持"人民至上、生命至上"的理念。针对火势不断扩大蔓延的不利态势和县城、景区同时受到威胁的严峻局面，部工作组指导联合指挥部及各方参战力量全面并准确贯彻"两个至上"核心要义，定下"力保县城、兼顾景区，积极扑救、解除风险，安全第一、严防伤亡"的战略战术。在党委政府领导和现场指挥部统一指挥下，扩大疏散范围，及时转移可能受威胁村民，确保人民群众生命安全，同时精准研判火场态势，强化现场组织指挥，增派救援力量，科学组织扑救，在保证扑火人员安全的前提下，充分运用多种灭火手段，抓住有利时机进行扑火工作。

二是坚持"打早打小打了"的根本要求。针对久战不决的被动局面，及时会商研判火场态势，调整改变扑火战略战术，抓住有利气象条件，早打快打坚决打，采取州县主要领导分方向指挥、各负责同志分片包干、工作组现场督战等举措，及时为火灾扑救赢得转机。

三是作战原则和方法精准有效。第一，坚持"尽快形成封控圈"的作战原则，充分利用防火道、隔离带、天然水系等形成封控合围兜底，先打外线火、再清内线火，以最小成本实现最大收益。第二，坚持"专业指挥、地空配合、专群协同"的作战样式，针对火场瞬息万变的复杂形势，果断任命四川省森林消防总队主要负责人为火场总指挥，南航总站主要负责人为空中力量总调度，提升专业化指挥水平，灭火机群精准打点洒面，国家队打火头、攻险段，地方队及时跟进清理整固，当地群众用"土办法"就地取材保供水源，充分整合释放协同效能。

（二）事故教训

从本次森林火灾事故源头出发，由于凉山州地区人口分布广、少数民族众多、群众防火意识普遍不强，并且地形地貌复杂多样，干湿两季差异性大，因此需要进一步对该地区的防火体系建设做出合理部署，确立以"防"为主、"扑救"为辅的森林防火体系。

在法规制度方面，凉山州政府可依据有关法律法规，结合实际情况，制定相关森林防火规定，明确各级人民政府职责，重点加强自然保护区等重点区域的森防工作。同时，根据森林火灾的特点和危险程度，划定森林防火区和森林高火险区，并向社会公布，针对不同风险等级的森林区域采取不同针对性防火措施。

在人为用火管控方面，人民政府和林业行政主管部门要定期组织开展群众性森林防火宣传教育工作，在宣传手段方面充分利用广播、电视、短视频、宣传车等形式多样的方法，普及森林防火法律法规和相关常识性知识，增强民众森林防火意识，提高自我保护能力。除此之外，政府及林业部门应严格执行野外火源管理制度，加强野外火源管控，持续观察重点林区及相关景区、墓山情况，禁止在森林区域抽烟、野炊、烧纸等，严格规范限制森林周边居民的农事生产用火范围，坚决管住火源。

在森林防火信息化建设方面，一是要完善森林火灾监测预警系统，构建"可见光和热成像"双模森林防火预警监测系统，对高风险重点林区进行实时监测。结合卫星图像、观察台和山地护林员的作用，人机结合，对林区实行全天候、三维的远程视频监控森林火灾监测系统，构成森林火灾监测无盲区，确保能够及时发现和报告，以便迅速处理火情。二是要完善指挥信息管理平台，首先对现有管理系统进行整合，其次建立视频监控系统与森林防火区管理系统相结合的指挥管理信息平台，做到能够及时定位火灾的位置，获取火灾周围的道路交通河流情况以及负责人员、消防力量配置、物资供应等关键信息，并启动与该火灾对应的预置扑救方案进行扑救。

第三十六章

湖北省十堰市张湾区艳湖社区集贸市场"6·13"重大燃气爆炸事故

第一节 事件回顾

2021年6月13日6时42分许，位于湖北省十堰市张湾区艳湖社区的一集贸市场发生重大燃气爆炸事故。该事故共导致26人死亡、138人受伤，其中重伤37人，事故共造成直接经济损失约5395.41万元。涉事故建筑物41厂菜市场建于河道上，据事后模拟分析与计算，其底部河道内参与爆炸的天然气体积约600m³，爆炸当量为225kgTNT。其中，涉事故建筑物一层分布有商铺19间，共有21家商户，事故发生时共有6家商户正在营业，还有4家未营业商户存在留人夜宿守店情况。此外，爆炸还波及周边商铺和33栋1678户居民住宅。《湖北省十堰市张湾区艳湖社区集贸市场"6·13"重大燃气爆炸事故调查报告》表明，经事故调查组事后认定,湖北省十堰市张湾区艳湖社区集贸市场"6·13"重大燃气爆炸事故是一起重大生产安全责任事故。

事故发生后，党中央、国务院高度重视，各级政府迅速开展抢险及救援工作。事故发生后，习近平总书记立即做出重要指示，要求全力抢救伤员，做好伤亡人员亲属安抚等善后工作，尽快查明原因，严肃追究责任；国务院总理李克强做出批示，要求全力以赴组织抢险救援和救治受伤人员，尽最大努力减少伤亡，认真查明事故原因，依法依规严肃问责。依据习近平指示和李克强要求，事故发生后，应急管理部、住房和

第三十六章　湖北省十堰市张湾区艳湖社区集贸市场"6·13"重大燃气爆炸事故

城乡建设部派遣工作组赶赴现场指导事故处置工作；国家卫生健康委在北京积水潭医院和北京大学第六医院抽调重症医学、烧伤、心理干预专家各两名，组成了国家级医疗专家组，由卫生应急办公室负责同志带队赶赴当地指导做好事故紧急医学救援工作；湖北省委书记应勇、省长王忠林和十堰市党政负责人快速赶赴事故现场指挥救援，并于现场成立了应急救援现场指挥部。在搜救过程中，十堰市共投入警力1200余名进行现场封控和交通管制，为避免次生衍生灾害发生，对事故现场周围3000余户居民进行了逐户排查和转移安置。

经过42小时的连续抢险救援，救援队伍在2021年6月15日1时07分搜寻到最后一名遇难者。此次事故中，坍塌的41厂菜市场废墟共压埋群众38人，其中12人生还、26人死亡，造成周边群众受伤138人，37人重伤，均及时送医治疗，累计清理核心主体建筑废墟4000余平方米。事后，十堰市投入医护人员1100余人开展伤员治疗，并抽调人员组建了国家省市联合医疗专家组，对重伤员进行一对一救治，抽调58名心理学家对伤员和遇难者家属开展心理疏导。

第二节　事件分析

一、事故根源

《湖北省十堰市张湾区艳湖社区集贸市场"6·13"重大燃气爆炸事故调查报告》显示，湖北省十堰市张湾区艳湖社区集贸市场"6·13"重大燃气爆炸事故的直接原因如下：天然气中压钢管严重腐蚀导致破裂，泄漏的天然气在集贸市场涉事故建筑物下方河道内密闭空间聚集，遇餐饮商户排油烟管道排出的火星发生爆炸。据事后分析模拟，泄漏天然气管道紧邻芙蓉小区排水口，且管道弯头外防腐未按照相关规定进行施工，河道内长期的潮湿环境导致潮湿气体在事故管道外表面形成电化学腐蚀，腐蚀物膨胀导致管道防腐层大面积损坏，造成管道逐步腐蚀；相关负责企业未对管道进行及时巡检维护，隐患迟迟无法整改，使得管道腐蚀逐渐削弱管道壁造成穿孔泄漏。

造成事故的间接原因有以下四点。

第一，事故隐患是由违规建设造成的。涉事管道原建于 2005 年 3 月，在铺设初期即未经主管部门批准，但尚未下穿涉事故的 41 厂菜市场建筑；其后在 2008 年 10 月，东风燃气公司违规对涉事管道的中压支管进行了局部改造，改造后事故管道违规穿越了 41 厂菜市场建筑下方的密闭空间，导致安全隐患形成。

第二，隐患排查整改不落实，是隐患持续存在并最终导致事故发生的原因。营运维护单位东风燃气公司和十堰东风中燃公司长期未对涉事管道进行巡检维护，造成涉事管道长期带病运行，且十堰东风中燃公司负责涉事管道的巡线人员从公司成立起就从未对事故管道进行巡查。此外，承担城镇燃气安全监管职责的住建部门、城管部门，承担特种设备监察职责的市场监管部门等，均未认真履行有关职责。

第三，企业应急处置严重错误是导致事故苗头发展为重大事故的主要原因。《湖北省十堰市张湾区艳湖社区集贸市场"6·13"重大燃气爆炸事故调查报告》表明，十堰东风中燃公司未落实应急管理责任，应急预案流于形式，未能有效指导突发事件应对工作；应急反应迟缓，企业主要负责人漠视安全隐患，事故发生后没有赶往事故现场指挥应急处置。抢修队员缺乏技术素养、不依照企业预案要求操作，抢修队员在第一次进入现场时，没有携带燃气检测仪检测气体，不熟悉需关闭的阀门位置，且在关闭阀门的过程中缺乏技术素养，只关闭了事故管道上游端的燃气阀门，未及时关闭事故管道下游端的燃气阀门，导致未能保持管道内正压和防止回火爆炸；抢修队员未按企业预案要求采取设立警戒、禁绝火源、疏散人员、有效防护等应急措施，导致事故发生和伤亡扩大；抢修人员在燃爆危险未消除的情况下，盲目自信，向公安、消防救援人员提出结束处置、撤离现场的错误建议，严重误导了现场应急处置工作，最终未能避免事故发生。此外，还存在地方政企之间应急联动机制不完善、基层应急处置能力不足、经验不够等问题。

第四，物业安全管理混乱导致事故发生和伤亡扩大。管理事发建筑的润联物业没有落实安全管理制度，在与商户的《房屋租赁合同》中约定"禁止在经营场所内使用明火做饭、过夜留宿"的情况下，仍将房屋出租给"聚满园餐厅"等 7 户商户经营餐饮，且未督促商户严格落实上述条款，致使聚满园餐厅将火星排入河道、多家商户留人在店内夜宿，

第三十六章　湖北省十堰市张湾区艳湖社区集贸市场"6·13"重大燃气爆炸事故

不但导致事故发生，还提升了受灾人员数量。

二、事故教训

深入贯彻落实习近平总书记关于安全生产工作的重要指示精神，建设完善城市生命线信息化管理系统。2020年4月，习近平总书记对安全生产工作做出重要指示强调，"生命重于泰山。各级党委和政府务必把安全生产摆到重要位置，绝不能只重发展不顾安全，更不能将其视作无关痛痒的事，搞形式主义、官僚主义"。湖北省十堰市张湾区艳湖社区集贸市场"6·13"重大燃气爆炸事故的发生，既有企业不落实安全生产主体责任的问题，也有行业监管部门未依法依规认真落实监管监察职责的问题。安全生产工作与人民群众生命财产紧密相关，关乎工业生产和社会经济的正常稳定运行，关乎社会稳定和长治久安。燃气管道作为城市生命线中的重要一环，不但在保障城市正常运行中具有重要作用，还具有潜在危险性。依据城市生命线运行特点和潜在隐患，认真制定、落实城市安全生产和应急救援方案，通过数字化、信息化手段对城市生命线关键隐患进行跟踪治理，切实扑灭事故苗头。

坚决压实企业安全生产主体责任，防范重特大事故发生。湖北省十堰市张湾区艳湖社区集贸市场"6·13"重大燃气爆炸事故的发生，主要在于责任企业长期未对涉事管道进行隐患排查。调查报告显示，十堰东风中燃公司对130次燃气泄漏报警、管道压力传感器长时间处于故障状态等系统性隐患熟视无睹，在数年间长期任命无资质、无安全生产技能、不了解安全生产职责、甚至不会使用燃气检漏仪的人员主持安全生产工作，并伪造、补登线路巡检记录，漠视企业安全生产主体责任的情节十分严重，令人震惊。企业作为生产第一线的主体，承担社会责任是企业的必要选项，应积极主动承担安全生产主体责任、维护人民群众的生命财产安全。违法违规、漠视人民生命权、财产权的企业应依法惩戒。

应进一步加强安全应急专业技术培训和知识普及工作。企业安全生产人员缺乏安全生产技术、居民群众不了解燃气泄漏及燃爆事故可能造成的重大危害，是事故发生和伤亡扩大的关键因素。应针对城市重点安全隐患，对相关企业定期组织开展安全应急技术培训活动，优化、细化突发事件应急预案；加快建设安全应急技术装备及突发事件体验馆，用虚拟现实等沉浸式技术，让生产人员和人民群众身临其境的体会各类突发事件可能造成的危害，提高人民群众对事故隐患的警惕性，发动群众督促企业压实安全生产主体责任。

第三十七章

郑州"7·20"特大暴雨灾害

第一节 事件回顾

2021年7月17日至23日,河南省遭遇历史罕见特大暴雨,发生严重洪涝灾害,特别是7月20日郑州市遭受重大人员伤亡和财产损失。据《河南郑州"7·20"特大暴雨灾害调查报告》(以下简称《调查报告》),国务院调查组认定此次特大暴雨是一场因极端暴雨导致严重城市内涝、河流洪水、山洪滑坡等多灾并发,造成重大人员伤亡和财产损失的特别重大自然灾害。灾害共造成河南省150个县(市、区)1478.6万人受灾,因灾死亡和失踪398人,其中郑州市380人,占比95.5%;直接经济损失1200.6亿元,其中郑州市409亿元,占比34.1%。

具体来看,由此次暴雨造成的重大事件主要包括郑州地铁5号线事件、郑州京广快速路北隧道事件、郑州郭家咀水库漫坝事件、荥阳市崔庙镇王宗店村山洪灾害。在郑州地铁事件中,7月20日,地铁5号线04502次列车行驶至海滩寺站与沙口路站上行区间时遭遇涝水灌入、失电迫停,经疏散救援,953人安全撤出、14人死亡。在郑州京广快速路北隧道事件中,7月20日,郑州京广快速路北隧道发生淹水倒灌,查实6人死亡,247辆汽车被淹,车内均无遇难人员。在郑州郭家咀水库漫坝事件中,7月21日0:40,郭家咀水库发生漫坝,最大漫溢水深0.5米,威胁下游数万人生命安全和南水北调工程安全。经开挖临时泄洪沟紧急泄洪,并及时转移受威胁群众9.8万人,虽未发生溃坝和人员伤亡,但造成重大经济损失和社会影响。在荥阳市崔庙镇王宗店村山洪灾害中，7月20日，洪水汇集、路基壅水溃决后，高位洪水短距离快速涌流至王宗店村。村委会所处位置断面洪峰流量768立方米/秒，洪水涨幅7.15米，13:15至13:30仅15分钟就涨了2.4米。暴雨洪水造成王宗店村死亡和失踪23人，是郑州市山丘区4个市死亡和失踪人数最多的村庄。

《调查报告》显示，郑州市"7·20"特大暴雨主要有以下四个特点。

一是暴雨过程长范围广总量大，短历时降雨极强。降雨折合总水量近40亿立方米，为郑州市有气象观测记录以来范围最广、强度最强的特大暴雨过程。7月20日郑州国家气象站出现最大日降雨量624.1毫米，接近郑州平均年降雨量。特别是20日16时至17时小时最强点雨量201.9毫米，突破我国大陆气象观测记录历史极值。

二是主要河流洪水大幅超历史，堤防水库险情多发重发。郑州市贾鲁河等3条主要河流均出现超保证水位大洪水，过程洪量均超过历史实测最大值。全市124条大小河流共发生险情418处，143座水库有84座出现不同程度险情，威胁郑州市区以及京广铁路干线、南水北调工程等重大基础设施安全。

三是城区降雨量远超排涝能力，居民小区公共设施受淹严重。此次极端暴雨远超郑州市现有排涝能力和规划排涝标准，郑州市主城区目前有38个排涝分区，只有1个达到了规划排涝标准，部分分区实际应对降雨能力不足5年一遇（24小时降雨量127毫米），即使达到规划排涝标准也不能满足当天降雨排涝需要。

四是山丘区洪水峰高流急涨势迅猛，造成大量人员伤亡。郑州西部山丘区巩义、荥阳、新密、登封4市山洪沟、中小河流发生特大洪水，涨势极为迅猛。因河流沟道淤堵萎缩，许多房屋桥梁道路等临河跨沟建设，导致阻水壅水加剧、水位抬升、路桥阳水溃决洪峰叠加，破坏力极大。

第二节 事件分析

一、事故根源

这次特大暴雨是在西太平洋副热带高压异常偏北、夏季风偏强等气候背景下，同期形成的两个台风汇聚输送海上水汽，与河南上空对流系统叠加，遇伏牛山、太行山地形抬升，从而导致了如此强劲的降雨。强降雨在郑州市自西向东移动加强，河流洪水汇集叠加，加之郑州地形西南高、东北低，属丘陵山区向平原过渡地带，造成外洪内涝并发，灾情极为严重。这次灾害虽为极端天气引发，但"人祸"也是本次事件的重要原因。根据《调查报告》，本次灾情根源主要集中在以下五个方面。

一是应对部署不紧不实。在国务院领导同志和河南省委省政府提出明确要求的情况下，郑州市委市政府主要负责人仍主观上认为北方的雨不会太大、风险主要在黄河和水库，思想麻痹、警惕性不高、责任心不强，防范部署不坚决不到位、缺乏针对性，尤其是7月17日、18日两天没有及时果断行动，市委市政府主要负责人对防汛工作没有组织分析研判、动员部署、督促检查等行动，防汛准备的"关键期"成了"空白期"。

二是应急响应严重滞后。常庄水库发生重大险情，郑州市未按规定及时启动Ⅰ级应急响应，同时，以气象灾害预报信息为先导的防汛应急响应机制尚未有效建立，应急行动与预报信息发布明显脱节，直到7月20日16:01气象部门发布第5次红色预警，才于16:30启动Ⅰ级应急响应，但也没有按预案要求宣布进入紧急防汛期。

三是应对措施不精准不得力不及时。在严峻情况下，市委市政府没有引起高度警觉，没有认识到问题的严重性，仍以常态化目标要求应对重大雨情、汛情，没有精准施策，措施空泛。在关键时刻没有按红色预警果断采取停止集会、停课、停业措施，只提出"全市在建工程一律暂停室外作业、教育部门暂停校外培训机构"，仅建议"全市不涉及城市运行的机关、企（事）业单位今日采取弹性上班方式或错峰上下班"，且媒体网站发布上述建议要求时，人们早已正常上学上班了，错失了有效避免大量人员伤亡的时机。

四是关键时刻统一指挥缺失。在这场重大灾害应对过程中，郑州市委市政府缺乏全局统筹，市领导在前后方、点和面上的指挥没有具体的统一安排，关键时刻无市领导在指挥中心坐镇指挥、掌控全局，普遍缺乏应急指挥意识和经验。

五是缺少有效组织动员。7月20日当天许多群众仍正常出行，机关企事业单位常态运转,人员密集场所、城市隧道、地铁、城市地下空间以及山丘区临河临坡村居等,没有提前采取有效的避险防范措施。全市因灾死亡失踪人员大多数是分散性的,遇难时多处于正常活动状态。

二、事故教训

一是建立健全工作责任制,提高领导干部风险意识和应急处突能力。落实地方党委政府防汛救灾主体责任,实行防汛救灾党政同责、一岗双责,压紧压实日常防范和事前、事中、事后全过程领导责任。完善防汛抗旱指挥部的响应预案和运行制度,关键时刻坚持指挥部的统一领导指挥,明确防汛关键时段的具体岗位和具体职责。同时,树牢领导干部"人民至上、生命至上"理念,增强风险意识和底线思维,提高防灾减灾救灾和防范化解风险挑战的能力和水平,切实把确保人民生命安全放在第一位落到实处。定期组织应急处突专题培训,明确应对灾害的自身职责和要求,提高防灾减灾救灾和应急处置能力。

二是建立健全应急预案评估体系,提升城市防灾减灾水平。建立健全极端天气和重大风险研判机制,量化预警和应急响应启动标准,规范预报预警信息发布,建立健全预警与应急响应联动机制,强化一体化管理,按规定及时采取"三停"(停止集会、停课、停业)强制措施。同时,深入开展自然灾害综合风险普查,把极端天气应对、自然灾害防治融入城市发展有关重大规划中,补齐防洪排涝设施欠账,完善防洪排涝标准和医院、地铁等公共服务设施抗灾设防标准,强化重大生命线工程安全保障,加强备用供电、排水泵站等关键设施安全保护,在重点部位配备应急特殊装备,提高断路、断电、断网等极端情况下的应急保障能力,实现城市防灾减灾救灾能力同城市发展相适应。

三是要增强全社会风险意识和自救互救能力。广泛开展防灾减灾救灾宣传教育,充分发挥各类媒介作用,切实增强群众防范风险的警觉性。把防灾和安全教育从基础教育抓起,在国民教育体系中突出相关内容,推动防灾减灾救灾知识进教材、进校园、进社区、进职业培训。拓展形式丰富的实践演练活动,建设各级防灾减灾救灾教育培训基地、科普体验场馆,激发公众兴趣,增强培训效果。

第三十八章

辽宁大连市开发区凯旋国际大厦"8·27"火灾扑救

第一节 事件回顾

2021年8月27日16时许,辽宁省大连市凯旋国际大厦19层一住户家中着火,业主前往物业求援,物业到达后,房间里已全部充满浓烟,随后报警。起火位置在建筑上部,火苗沿着楼体向上燃烧,高空不断掉落燃烧过的板材。

火情发生后,大连市消防救援支队紧急出动开展救援,大厦供电及燃气被及时切断。消防部门已派出30多辆消防车和100多人赶赴现场进行救援,外部采用高喷车进行灭火,内部人员在进行内攻的同时,挨家挨户进行搜救,查看是否有人员被困。当地街道工作人员对凯旋国际大厦及周边住户1800余人进行了紧急疏散。经社区电话联系逐户逐人确认和消防救援人员逐层摸排,大厦内未发现被困人员,无人员伤亡。

针对"8·27"火灾暴露出的消防隐患进行排查整治,金普新区消安委也制定《金普新区高层建筑消防安全隐患大排查大整治专项攻坚行动实施方案》下发给各成员单位。各消防救援大队立即行动,结合消防安全三年专项行动,召开专项工作部署会议。8月28日以来,各消防救援大队共检查111家单位,新发现火灾隐患71项,督促整改前期发现隐患122项,新发现隐患当场整改4项,其余隐患均限期整改;下达《责令改正通知书》2份,《行政处罚决定书》4份、罚款20750元。

根据掌握的证据线索，针对物业管理公司盛辉物业违反消防管理法规、对隐患长期拒不整改的问题，其法定代表人宋某、经理袁某因涉嫌消防责任事故罪，由公安机关立案并进行刑事侦查，目前已依据《中华人民共和国刑事诉讼法》第八十二条之规定予以刑事拘留；针对B座1910室住户过失引起火灾、且造成他人财产直接经济损失较大的问题，房主于某因涉嫌失火罪，由公安机关立案并进行刑事侦查，已被采取监视居住的强制措施。

第二节 事件分析

从事故调查报告来看，经过综合分析认定，此起火灾的起火部位为大厦B座19层1910室，火灾原因系电动平衡车充电器电源线插头与插座接触不良发热引燃周围木质衣柜等可燃物所致。

大连市建筑工程质量检测中心于2021年9月5日至9月9日，进场对凯旋国际大厦火灾影响区域内上部承重结构构件进行了现场查勘检测，完成过火房屋查勘130户。后续，会根据构件初级鉴定评级结果和会谈情况，选取具体点位，在室内和室外进行钻芯取样，并会截取部分直接受到烧灼影响的构件的受力钢筋和钢材进行力学性能检测。

从此次事故救援过程来看，带来的启示主要如下。

第一、救援主要措施得当，作用巨大。按照高层建筑火灾作战编成，精准调派充足力量和装备到场处置，现场指挥部第一时间确立"优先疏散、内外夹击、立体防御"的战术原则和"全力控制B座及空中连廊火势，坚决保证A座不过火"的作战目标，采取"内攻近战、内外结合、上下合击、逐层消灭、逐户清理"的战术措施，充分发挥举高消防车、双光无人机等装备优势，及时疏散抢救群众110余人，成功保住了大厦A座整体、共用裙楼和B座大部分房间，将火灾损失降到了最低。

第二、"全灾种、大应急"要求下的我国消防救援车辆装备体系日趋成熟。随着我国经济社会的快速发展和城市建设的日新月异，各类致灾因素和灾害事故逐年增多，各灾种对消防救援的车辆装备都有不同的要求，如性能轻便、功能多样、快速处置从而最大限度减少灾害损失等特点，特别是各类高层、地下（地铁隧道）、大空间建筑、石油化工企业等灾害事故不断增多，消防灭火救援和保卫任务日趋繁重。目前，我国基于各灾种特点，由此形成了较为全面的消防救援车辆装备体系，包括高层建筑灭火救援的消防车辆、地下空间灭火救援的消防车辆、大跨度大空间灭火救援的消防车辆、石油化工灾害事故救援的消防车辆、地震应急救援的消防车辆、洪涝灾害应急救援的消防车辆、大型灾害事故的战勤保障车辆。应对高层建筑灭火救援实战中出现的诸如街道狭窄登高作业面不足、超高层建筑着火点高、建筑物外表被玻璃幕墙遮挡覆盖等实际问题，我国消防车生产企业研制开发了紧凑型云梯消防车、超高米数登高平台消防车、带有破拆功能的举高喷射消防车、高层供水消防车等各类新型消防车。

第三、高层建筑火灾事故不断上升，给救援工作带来更多要求。我国高层建筑火灾不断上升，人员密集场所亡人概率相对较高。据应急管理部消防救援局数据显示，2021年共接报高层建筑火灾4057起、亡168人，死亡人数比上年增加了22.6%，且主要集中于居住场所，其中，发生高层住宅火灾3438起、亡155人，分占高层建筑火灾的84.7%和92.3%。学校、医院、商场市场、宾馆饭店、文化娱乐、交通枢纽、大型综合体等人员密集场所火灾伤亡相对集中，全年共发生火灾3.2万起，亡179人，伤422人，起数只占总数的4.3%，但亡人、伤人分别占9%和19%。高层建筑除了常闭式防火门敞开现象比较突出以外，高层居民住宅小区的消防车通道被占用、消防设施损坏和楼道阳台堆放可燃物、用火用电不规范等火灾隐患也不同程度存在。人员密集、危险源多、火灾荷载大等多重因素给这类建筑的火灾防控带来严峻挑战。

第三十九章

"3·21"东航坠机事故救援

第一节 事件回顾

2022年3月21日14时38分许,东方航空云南有限公司波音737-800型B-1791号机,执行MU5735昆明至广州航班,在广州管制区域巡航时,自航路巡航高度8900米快速下降,最终坠毁在广西壮族自治区梧州市藤县埌南镇莫埌村附近山林中,并引发山火。救援队伍随即集结靠近。MU5735原计划于3月21日13时10分在昆明长水机场起飞,14时52分到达广州白云国际机场。2022年3月21日16时,民航局发文已确认该飞机坠毁。机上人员共132人,其中旅客123人、机组9人。民航局启动应急机制,派出工作组赶赴现场。3月23日16时30分左右,搜寻到两部飞行记录器中的一部驾驶舱话音记录器(CVR)。3月26日晚,"3·21"东航MU5735航空器飞行事故国家应急处置指挥部现场副总指挥、民航局副局长胡振江在发布会上宣布,"3·21"东航MU5735航班机上123名乘客和9名机组人员已全部遇难,发布会现场,全体起立为机上遇难人员默哀。3月27日,东航集团正式启动理赔工作。3月27日上午9时20分许,第二个黑匣子找到。3月28日下午,中共中央政治局召开会议,会议开始时,经习近平提议,出席会议的中共中央政治局委员等全体起立,向"3·21"东航MU5735航空器飞行事故遇难同胞默哀。

事故发生后,中共中央总书记、国家主席、中央军委主席习近平立即做出重要指示,惊悉东航MU5735航班失事,要立即启动应急机制,

第三十九章 "3·21"东航坠机事故救援

全力组织搜救,妥善处置善后。国务院委派领导同志靠前协调处理,尽快查明事故原因,举一反三,加强民用航空领域安全隐患排查,狠抓责任落实,确保航空运行绝对安全,确保人民生命绝对安全。

中共中央政治局常委、国务院总理李克强做出批示,要求全力以赴搜寻幸存者,尽一切可能救治伤员,妥善处理善后事宜,做好遇难者家属安抚和服务,实事求是、及时准确发布信息,认真严肃查明事故原因,采取有力措施加强民航安全管理。

根据习近平指示和李克强要求,中国民航局、应急管理部等有关部门派出工作组赴现场指导处置,并调派广西、广东两地救援力量赶赴现场参与救援。

围绕此次事故的救援工作,在党中央、国务院的坚强领导下,中国民用航空局、国家应急管理部、广西壮族自治区、云南省、广东省、军队武警、地方应急部门等各方快速反应积极应对,做了大量的紧急救援工作。为贯彻落实习近平总书记重要指示精神,按照李克强总理召开的紧急会议部署,中共中央政治局委员、国务院副总理刘鹤和国务委员王勇代表党中央、国务院,2022年3月21日晚率有关部门负责同志赶赴广西梧州,指导东航客机坠毁事故现场救援、善后处置及事故原因调查工作。21日晚,刘鹤、王勇在前往梧州的飞机上与有关部门负责同志商讨情况,对现场救援等工作提出明确要求。22日凌晨抵达梧州后,立即召开会议传达学习习近平总书记重要指示和李克强总理批示,研究部署有关工作,决定成立事故现场处置指挥部和事故技术调查组,明确成员单位及其职责分工。22日上午,刘鹤、王勇来到事故现场,实地查看环境条件,仔细了解救援工作进展,并看望慰问搜救人员。之后召开专题会议,详细听取有关方面情况汇报,研究部署下一步工作。会议要求,要深入贯彻落实习近平总书记重要指示和李克强总理批示要求,坚持人民至上、生命至上,按照"统一指挥、分工负责、深入细致、科学有序"总体要求,全面做好现场救援、善后处置、事故原因调查等工作。3月22日晚间,国务院调查组举行新闻发布会,介绍飞机黑匣子的重要性和搜寻的方法,以及目前搜寻的最新进展。3月24日,应急管理部微博消息,国务院安委会办公室、应急管理部联合印发通知,要求各地区、各有关部门和单位以东航"3·21"坠机事故为警示,立即开展民航安全隐患排查。

第二节 事件分析

一、事故根源

2022年4月20日,民航局发布关于"3·21"东航MU5735航空器飞行事故调查初步报告的情况通报。通报显示,2022年3月21日,东方航空云南有限公司波音737-800型B-1791号机,执行MU5735昆明至广州航班,在广州管制区域巡航时,自航路巡航高度8900米快速下降,最终坠毁在广西壮族自治区梧州市藤县埌南镇莫埌村附近。飞机撞地后解体,机上123名旅客、9名机组成员全部遇难。根据《国际民用航空公约》规定,在事故之日起30天内,调查组织国须向国际民航组织和参与调查国发送调查初步报告,其内容通常为当前所获取的事实信息,不包括事故原因分析及结论。目前《"3·21"东航MU5735航空器飞行事故调查初步报告》已完成,报告主要包括飞行经过、机组机务人员、适航维修、残骸分布等事实信息。主要情况如下:

飞机于北京时间2022年3月21日13:16从昆明长水机场21号跑道起飞,13:27上升至巡航高度8900米,14:17沿A599航路进入广州管制区,14:20:55广州区域管制雷达出现"偏离指令高度"告警,飞机脱离巡航高度,管制员随即呼叫机组,但未收到任何回复。14:21:40雷达最后一次记录的飞机信息为:标准气压高度3380米,地速1010千米/小时,航向117度。随后,雷达信号消失。

事故现场位于广西壮族自治区梧州市藤县埌南镇莫埌村附近一个东南至西北走向的山谷中。现场可见面积约45平方米、深2.7米的积水坑,判定为主撞击点,位置为北纬23°19′25.52″,东经111°06′44.30″。飞机残骸碎片主要发现于撞击点0°至150°方位范围内的地面及地下。距主撞击点约12公里处发现右翼尖小翼后缘。事故现场山林植被有过火痕迹。现场发现水平安定面、垂直尾翼、方向舵、左右发动机、左右大翼、机身部件、起落架及驾驶舱内部件等主要残骸。所有残骸从现场搜寻收集后,统一转运到专用仓库进行清理、识别,按照飞机实际尺寸位置对应摆放,便于后续检查分析。

经初步调查,当班飞行机组、客舱机组和维修放行人员资质符合要求;事故航空器适航证件有效,飞机最近一次 A 检(31A)及最近 1 次 C 检(3C)未超出维修方案规定的检查时限,当天航前和短停放行无故障报告,无故障保留;机上无申报为危险品的货物;此次飞行涉及的航路沿途导航和监视设施、设备未见异常,无危险天气预报;在偏离巡航高度前,机组与空管部门的无线电通信和管制指挥未见异常,最后一次正常陆空通话的时间为 14:16;机上两部记录器由于撞击严重受损,数据修复及分析工作仍在进行中。

后续,技术调查组将依据相关程序继续深入开展残骸识别、分类及检查、飞行数据分析、必要的实验验证等调查工作,科学严谨查明事故原因。

二、事故教训

2022 年 4 月 6 日,民航局召开全国民航航空安全电视电话会议,会议强调要认真贯彻落实习近平总书记重要指示精神和李克强总理重要批示要求,要深刻反思"3·21"东航 MU5735 航空器飞行事故,进一步深化对航空安全"五个属性"的认识,具体包括如下。

一是要更加深化对航空安全工作政治属性的认识。航空安全直接连着"国之大者",必须确保航空运行绝对安全,确保人民生命绝对安全;航空安全直接体现着党的执政理念,抓好航空安全必须敬畏生命,就是贯彻以人民为中心执政理念的具体体现;航空安全直接关乎国家安全大局,务必要以极端负责的态度、极端敏锐的警觉、更加务实有效的举措,切实把航空安全盯紧盯住。

二是要更加深化对航空安全工作经济属性的认识。企业想发展、想赢利,就必须好好飞、安全地飞。发生安全事故不仅会给当事企业带来严重的经济损失,对行业经济运行也会产生严重影响,甚至还会影响国家经济运行。

三要更加深化对航空安全工作社会属性的认识。航空安全与社会稳定密切相关,航空安全连着千家万户,人民群众对航空安全的关注实际就是对自身生命安全的关注。

四要更加深化对航空安全工作业务属性的认识。民航工作具有高度的专业性、技术性，不仅体现在日常安全运行和安全管理中非常突出，也体现在事故应急处置中。

五要更加深化对航空安全工作文化属性的认识。安全文化与安全结果直接关联，行业各单位要检视和反思自身企业安全文化，在自身企业文化建设中充分体现行业文化的基本价值观和行为准则要求，担当起更多的社会责任。

此次事故从行业管理来看，带来的启示主要有：在专业队伍建设上，关注飞行、空管、机务、运控等关键专业岗位人员训练和资质管理，关心关怀员工；在规章标准执行上，确保规章标准与时俱进，规章标准执行令行禁止；在安全管理链条上，发挥安全管理体系实效，健全风险分级防控和隐患排查治理的双重预防机制；在安全保障能力上，重点关注"小散变转欠"运输航空公司和中小机场、通航公司运行风险；在安全责任落实上，进一步健全"党政同责、一岗双责、齐抓共管、失职追责"和"三管三必须"责任体系。

展望篇

第四十章

主要研究机构预测性观点综述

第一节 中国应急信息网

2020 年 8 月,为贯彻落实习近平总书记第十九次政治局集体学习关于优化整合各类科技资源、强化应急管理装备技术支撑的指示要求,应急管理部推出公益性应急装备专业资讯网站"应急装备之家",作为"中国应急信息网"的子站,提供应急装备综合信息。截至 2022 年 4 月,应急装备之家网站已有厂家信息总数 4024 个,装备信息总数 15988 个,总访问量超过 70 万次。作为中国应急信息网应急装备信息的主要集中区,应急装备之家主要开辟了"森林灭火专区""抗冰除雪专区""防汛抢险专区""央企专区""国际专区""无人机专区""无线通信专区""机器人专区"等 8 个专区介绍应急装备的进展和最新动向。

在森林灭火方面,2021 年,我国发生森林火灾 616 起,受害森林面积约 4292 公顷,虽未发生重大以上火灾,但整体形势依然严峻。随着我国推进应急管理能力现代化建设,森林消防装备自主研发和应用取得突破。一是无人机进一步得到应用推广,在应急通信、灾情评估、物质投送等方面具有不俗表现,应急管理部成立以来首个大型无人机系统采购项目就是航空工业直升机所的无人机产品——森林浮空通信中继平台。平台主要承担火情侦察、测距和定位以及通信等任务,满足部署指挥直达末端的需求,打通森林火场指挥通信的"最后一公里"。二是空天地系统立体防控,即卫星、无人机、高山视频监控和地面人员共同组成的系统,卫星通过遥感技术可以定时扫描探测火情并报警,使森林防火从依靠人防转变为依托科技手段，更科学、更立体的防控。三是机器人装备逐步发挥优势，机器人装备在消防中具备效率和安全性较高等特点，可以替代消防员进入火场，有效降低劳动强度和危险系数。针对森林消防区域较广、地形复杂、水源较远等难题，供排水机器人可为保障供水压力、提升取水灭火效率提供有效手段，同时搭配的实时监测系统还可将现场情况及时传回，确保及时发现问题并进行灭火方案的动态调整。但目前消防机器人的应用还处于初步阶段，在机器人性能和消防现场适用性、可靠性方面还有待进一步提高。

在防汛抗险方面，2021年，我国共发生强降雨过程42次，其中华北大部、东北地区西部南部等地部分地区较常年偏多3成至1倍，特别是主汛期极端暴雨强度大，7月17—23日河南省遭遇历史罕见特大暴雨，引发特大暴雨洪涝灾害，人员伤亡和财产损失严重，加强防汛抗险的基础能力建设迫在眉睫。为此，近年来有关省份都在积极探索加强基层防汛应急能力建设，配备水域救援、排涝等水域应急救援装备，应对汛期大型洪涝灾害，提高抗洪抢险救援专业能力，其中，水域救援服、救援靴、水下搜救探测机器人、水陆两栖救援艇、城市快速应急救援及排涝系统等装备逐步得到推广。

在抗冰除雪方面，冬奥会期间多种扫雪铲冰装备亮相，如具有吹雪功能的履带式多功能除雪车、高性能多功能除雪车、滑移机、翻边机，以及手推式扫雪机等小型除雪设备等，提高了抗冰除雪的作业效率和作业质量，有效保障了冬奥会的顺利进行。此外，铲冰除雪装备作为工程机械的一个新兴领域，研发方面不断向专业化、智能化发展，如搭配了智慧环卫云平台的智能除雪车，可实现扫雪、街道清理的大数据管理功能。

第二节　中国安全生产网

2021年面对复杂的国际形势和新冠肺炎疫情多轮反弹、极端天气频发等一系列因素给安全生产带来的冲击和挑战，我国安全生产形势保持持续稳定向好，全年共发生各类生产安全事故3.46万起、死亡2.63万人，同比分别下降9%、4%。针对2021年和2022年初安全生产和防灾减灾领域的重点事件，中国安全生产网开辟了2021年全国两会专题、

2022年全国应急管理工作会议专题等多个栏目，其中包含相关领域专家、学者等关于利用先进技术和装备提升安全应急保障能力的论述。

2021年全国两会期间，多位代表关注新一代信息技术和先进装备在应急领域的推广应用。全国政协委员、北京国际城市发展研究院院长连玉明认为，大数据对于应急管理发挥的作用越来越突出，其应用场景覆盖应急管理各环节，可以通过监测风险点和危机源，搜集、分析、处理多源异构数据，提高应急管理态势评估、监测评估和预测预防能力，是应急管理未来发展的重要方向之一。全国政协委员、水利部长江水利委员会总工程师仲志余认为，推进防汛系统智能化建设，提高灾害性天气监测预警预报水平，推进流域综合监测网站优化布设，建立跨区域、跨部门的监测信息贯通机制，推进卫星雷达遥感、云计算、人工智能、5G等信息技术与水情业务的深度融合，可以提高防汛能力，健全完善水灾害防御体系。

以信息化推动应急管理创新发展，贯彻新发展理念，推进应急管理体系和能力现代化。2022年全国应急管理工作会议提出了"十四五"科技信息化水平大幅提升的阶段目标和2035年实现依法应急、科学应急、智慧应急的远景目标，明确了应急管理科技信息化的重点任务。对此，应急管理部科技和信息化司司长指出，应急管理科技信息化工作将坚持以习近平新时代中国特色社会主义思想为指导，全面贯彻落实全国应急管理工作会议精神，围绕应急实战需求，以"智慧应急"为牵引，以重大工程实施为主线，加强统筹谋划，加快能力建设，加速应急准备，加大支撑力度。未来将加快实施应急管理大数据工程及自然灾害防治重点工程，推进"智慧应急"试点建设，形成数据防灾、数据决策、数据救援能力，提升监测预警、监管执法、辅助指挥决策、救援实战、社会动员五方面能力，聚焦大灾巨灾加强应急准备，坚持创新驱动，夯实发展基础。

第三节　中国安防行业网

2021年是我国"十四五"开局之年，我国经济在抗击新冠肺炎疫情和复杂的国际形势中逐步恢复，据国家统计局数据，2021年国内生

第四十章 主要研究机构预测性观点综述

产总值达1143670亿元。行业发展和国家经济形势一样也面临同样的发展态势,平安中国建设持续推进,对安防行业产生深远影响。中国安防行业网从整体发展形势、技术创新等角度对我国安防行业发展现状和前景进行了分析。

整体来看,我国安防行业经过40多年的发展,逐步进入了高质量发展阶段。2021年,安防行业保持了企稳回升的态势。随着5G等新一代信息技术应用不断落地,各行业都加快了数字化转型的步伐,新的市场需求不断涌现,行业发展信心指数仍在提升。但在下半年,外部形势严峻、基础原材料价格上涨、芯片供应链不畅等问题也导致了企业经营压力加大,技术创新和产业创新遇到更多挑战。一方面在各级政府智慧城市、城市大脑、雪亮工程+、新基建带动下,安防行业得到进一步发展。另一方面,医疗、教育、能源等领域需求增长,为未来安防行业带来新的增长空间,行业将在满足新需求的驱动下继续向智能化、标准化、云化等方向发展。但同时行业发展也面临增速下降、企业转型困难等实际问题。中国安防行业网预计,2022年上半年安防行业的发展速度将达到8%,其中社区居民安防增长10%以上、出入口控制和视频监控市场增长8%左右、防盗报警及实体防护增长6%左右,国外市场的增长率预计为7%。

人工智能技术与安防行业将向深度融合发展。安防行业的发展与电子信息制造产业密切相关,行业发展受制造业改造升级、数字经济转型、新一代信息技术创新等因素影响较大。尤其是随着数字化转型向各行业深入,安防行业产品和技术应用不断外延,更多细分场景的应用快速涌现,呈现基于AI+视频技术向细分行业赋能,而视频作为重要信息入口来源,成为信息化社会重要的基础设施。"泛智能""泛安防"不断深入,推动更多行业走向智能化、数字化。未来,人工智能技术将加速在安防行业落地,推动形成更大市场容量,2022年安防+AI会与元宇宙、5G、AR等更多新技术相结合,实现体系化智能,并广泛应用到社区、园区、能源、交通等更多场景,此外,在无接触经济、民用市场将得到快速发展。

安防向民用拓展,疫情催生多元化应用场景。中国安防行业网认为,随着疫情蔓延对人们生活带来的广泛而深远影响,再加上AI与5G等连接技术成熟，居家和社区应用的物联网产品增多，品牌不断涌现，推动安防深入到更细微的社会单元，拓展更广阔的发展空间。除楼宇对讲、智能摄像机、智能锁、防盗报警等智能家居产品外，以疫情防控需求为目的的产品创新不断涌现，并向养老、停车等更广市场延伸。

第四节　中国安全产业协会

2021年，中国安全产业协会在新一届领导班子带领下，努力把握产业发展机遇，开创协会发展新局面，为持续推动中国安全应急产业高质量发展，为平安中国建设，做出了应有的贡献。

标准是推动产品质量提升的重要尺度。为服务安全应急产业规范、有序发展的需要，中国安全产业协会依托协会专家和中国标准化研究院等专家团队和各行业标准认证机构，创新协会社团标准制定办法，2021年在全国团体标准信息平台发布4项团体标准，包括电子烟及相关制品安全生产规范通则（2021年6月10日发布公告）、智能网联指路标志（2021年6月15日发布公告）、建筑施工扣件式钢管脚手架安全检查与验收标准（2021年6月20日发布公告）、隔离式纳塑结构一体化防火保温体系应用技术规程（2021年8月4日发布公告），还有部分标准正在有序制定之中。此外，中国安全产业协会还先后批准筹备成立了企业数字安全专业委员会、设备运维和再制造安全专业委员会、草本健康安全专业委员会、校园安全专业委员会、投资专业委员会等5个分支机构，在进一步拓展和完善中国安全产业协会职能的同时，为更好服务经济社会发展提供了新的路径。

安全应急技术和产品的推广、交流活动是推动产业融合创新、促进供需深度对接的重要渠道。2021年，中国安全产业协会主办、承办了多项业内活动，促进安全应急产业业内交流，主要包括，3月18日，中国安全产业协会、秦皇岛市政府指导，中国安全产业协会消防技术创新专业委员会主办以"坚守初心　筑梦远航"为主题的FTIA2020消防技术创新专委会年会暨一届四次会议在河北秦皇岛举办；3月25日，为进一步加强成渝地区双城经济圈应急与安全领域的交流与合作，展望应急与安全领域的发展趋势，在自贡和四川轻化工大学联合主办成渝地区双城经济圈应急安全论坛；4月14-15日，中国安全产业协会指导，中国安全产业协会消防行业分会主办的"2021石油化工与危化品企业安全生产智能管控及5G+智慧消防创新发展论坛"在江苏南京成功举行；6月1日，由中国网+创新中国主办，中国安全产业协会等承办的"风险机遇面对面第五季——安全·创见2021"活动，在中国安全产业协会成功举办；7月9-11日，中国安全产业协会主办的"2021北京国际防灾减灾应急安全产业博览会"在北京成功召开；9月2日，由中国安全产业协会消防技术创新专委会和应急救援产业网主办的"以'数字赋能 共创消防安全未来'为主题的FIOT2021中国消防物联网大会"在浙江成功召开；9月15日，中国安全产业协会联合相关单位主办，消防技术创新专委会等承办的"第二届智慧消防高峰论坛"在北京成功举行；12月10-13日，中国安全产业协会同中国林业机械协会等单位在合肥联合主办"2021中国（合肥）安全产业装备展览会暨中国国际森林草原灾害防控装备和智慧林草展览会"；12月，协会同北京市房山区人民政府等达成战略合作关系。一系列的活动在提升全社会对安全应急产业认知的同时，也展示了细分领域的最新技术和产品，为行业产学研用合作交流搭建了有益平台。

家庭应急储备是提升全社会应急能力的必要途径。2022年1月20日，中国安全产业协会开启"千万家庭应急储备计划"项目，未来将联合基金会、社区、校园构建全民协同的应急管理体系。中国安全产业协会秘书长陈瑛表示，我国有14亿人口、超4亿家庭、11.1万个社区、51.7万个生产队，不同数量单位的人群都需要应急安全产品和服务，需要更多有影响力的企业共同参与到本次计划中，打造源远流长的应急安全事业。工业和信息化部安全生产司原一级巡视员于立志指出安全应急产业的四个特性：战略产业、朝阳产业、慈善产业和民心工程。安全应急产业始终将人民生命财产安全放在第一位，为重点地区人们提供不计报酬、不计代价的服务。提升大众幸福感就是初心、保证振兴民族工业和产业就是使命。本次活动不仅宣布"千万家庭应急储备计划"正式启动，还进行了家庭应急包捐赠活动。

第四十一章

2022年中国安全应急产业发展形势展望

第一节 总体展望

面向第二个百年奋斗目标进军新征程，贯彻新发展理念，实现高质量发展，对安全应急产业发挥支撑和保障作用提出更高要求。2022年，我国安全应急产业发展要以习近平新时代中国特色社会主义思想为指导，全面贯彻落实党的十九大和十九届历次全会精神，增强"四个意识"、坚定"四个自信"、做到"两个维护"。要坚持人民至上、生命至上，坚持总体国家安全观，更好服务统筹发展和安全，面向自然灾害、事故灾难、公共卫生事件、社会安全事件等各类突发事件所需安全防范与应急准备、监测与预警、处置与救援等专用产品和服务的保障需要，为全力防范化解重大公共安全风险，有效应对各类突发事件，最大程度减少人民群众生命财产损失，为决胜全面建成小康社会提供安全稳定环境，为建设更高水平的平安中国和全面建设社会主义现代化强国提供安全保障支撑。

2021年，是党和国家历史上具有里程碑意义的一年，我国安全应急工作在考验面前，取得了良好的业绩。面对大疫之后的安全风险明显加大和极端天气灾害增多增强的双重压力，在以习近平同志为核心的党中央坚强领导下，全国人民坚持以习近平新时代中国特色社会主义思想为指导，努力为庆祝建党百年创造了良好的安全环境，全力以赴推进防范化解了各类重大安全风险。2021年，我国不仅在抗击新冠肺炎疫情方面保持全球领先地位，而且面对各类风险和自然灾害，死亡失踪人数

第四十一章 2022年中国安全应急产业发展形势展望

历史最低,生产安全事故起数和死亡人数、重特大事故起数和死亡人数历史最低。据应急管理部统计,全年共发生各类生产安全事故3.46万起、死亡2.63万人,与2020年相比,分别下降9%、4%。2021年,全国各种自然灾害共造成1.07亿人次受灾,因灾死亡失踪867人,倒塌房屋16.2万间,直接经济损失3340.2亿元,与近5年均值相比,分别下降28%、10.4%、18.6%和5.5%。

然而,我国应急体系建设仍待完善,安全保障能力亟待增强。要清醒地认识到,首先,我国自然灾害种类多、分布地域广、发生频率高、造成损失重,是世界上自然灾害最为严重的国家之一。2021年,我国自然灾害呈现出复杂严峻的形势,极端天气气候事件多发,自然灾害主要是洪涝、风雹、干旱、台风、地震、地质灾害、低温冷冻和雪灾等,也有不同程度的沙尘暴、森林草原火灾和海洋灾害等。其次,我国安全生产仍处于爬坡过坎期,各类安全风险隐患交织叠加,生产安全事故仍然易发多发。2021年我国发生死亡10人以上的重大事故16起,同比起数持平,还发生1起直接经济损失超过5000万元的重大事故。这些事故分布在山东、江苏、安徽、河北、山西、吉林、黑龙江、河南、湖北、广东、甘肃、青海、新疆等13个省(区)和道路运输、煤矿、金属非金属矿山、建筑业、水上运输、火灾和燃气等行业领域。这些都表明目前我国各类突发事件带来的风险和挑战仍较为严重,还有从2020年起的新冠肺炎疫情仍在我国波动起伏,各地不断有散发疫情出现,给经济发展和社会安全带来许多不稳定因素。加之外部经济环境冲击,不确定因素增加,各类安全风险隐患加大。我们要按照习总书记的要求,必须坚持统筹发展和安全,增强机遇意识和风险意识,树立底线思维,把困难估计得更充分一些,把风险思考得更深入一些,注重堵漏洞、强弱项,下好先手棋、打好主动仗,有效防范化解各类风险挑战,确保社会主义现代化事业顺利推进。

展望2022年,贯彻落实《"十四五"国家应急体系规划》(以下简称《规划》),开启壮大安全应急产业发展之路。2022年年初,国务院印发了《"十四五"国家应急体系规划》,明确提出要"壮大安全应急产业"。经过十多年的发展,我国的安全产业和应急产业由分到合,从2011年《安全生产"十二五"规划》在"完善安全科技支撑体系,提高技术装备的安全保障能力"中提到"促进安全产业发展",到现在"十四五"规划的"壮大安全应急产业",不仅说明安全应急产业的发展与国家经济社会发展密不可分,而且在增强我国应急体系建设、推进安全发展中,安全应急产业发展至关重要。

第一,融合发展是大势所趋。安全产业和应急产业具有相同属性,在2020年之前,我国安全产业和应急产业是分别推进发展的。作为牵头部门,工业和信息化部在2020年,根据国家安全发展的需要,以及我国应急管理体制的变化,将两个产业进行了整合,明确了安全应急产业是为自然灾害、事故灾难、公共卫生事件、社会安全事件等各类突发事件提供安全防范与应急准备、监测与预警、处置与救援等专用产品和服务的产业。从2020年抗击新冠肺炎疫情的应急保障,及2020年和2021年应对各类自然灾害和安全生产事故的经验,安全应急产业对于提供先进技术和装备、满足应急物资保障需要具有不可替代的作用。

第二,发展壮大是现实需要。经过十多年的培育和促进,我国安全应急产业进步是明显的,但高端产业还不能满足需要,如治疗新冠重症所需的ECMO设备尚需进口;产业集聚区发展还不平衡,像徐州、合肥、佛山等持续稳定发展的示范基地还偏少;具有带动作用的优势企业还不足,海康威视、徐工机械、新兴际华等产业链龙头企业尚属凤毛麟角。《规划》中针对壮大安全应急产业,所提出的优化产业结构、推动产业集聚、支持企业发展也与目前安全应急产业发展的需求相吻合,具有很强的针对性。

第三,平战结合是生命力所在。发展和壮大安全应急产业,要尊重产业发展的规律。经过几十年的发展,我国整体安全保障水平和应急救援处置能力都有质的飞跃,考虑到突发事件的小概率特征,发展安全应急产品、技术和服务要突出平战结合,除一些极特殊的装备和专业服务外,要充分考虑生产制造相关产品企业的生存与发展平衡问题。《规划》在"专栏5"中提出的"安全应急产品和服务发展重点"10个重点方向,主要涉及48类产品或系统、17类服务,可以看到这些产品应用的技术具有大众化、服务广泛性,照顾到了相关服务的通用技术专业化应用问题,有利于产业的可持续发展。

第四,数智化提供发展动能。在制造强国和网络强国战略推动下,赋能传统产业转型升级，新一代信息技术对安全应急技术的提升作用也在加强，信息技术在安全应急领域正在扮演更加重要的角色。《规划》中可以看到，重点行业领域的安全应急装备正在向数字化、智能化、成套化、专业化方向发展。伴随人工智能、物联网、云计算、区块链等领域的革命性突破，安全应急技术、产品、服务模式呈现持续创新和快速更迭的态势。依靠科技进步，使重大安全风险评估更加科学，应急准备更加充分，监测预警更加精准，处置救援更加有效。如《规划》中提到的高精度监测预警产品、新型应急指挥通信和信息感知产品、智能无人应急救援装备等，都将对包括扎实推进燃气、危化品安全集中治理等重点行业领域专项整治发挥重要作用。

2022年，安全应急产业将继续保持稳定发展态势。2022年，尽管面临国内多地疫情出现散发多发、国际地缘政治冲突加剧，短期内会对中国经济增长造成一定压力；然而综合来看，我国经济长期稳定向好的基本面、经济持续恢复的态势以及发展潜力大、韧性足、空间广的特点都没有改变，经济运行总体平稳。全球抗击新冠肺炎疫情的历程表明，应急体系建设在国家安全保障体系中的作用至关重要。随着全球应急医疗物资的需求逐步平稳，公共卫生应急物资的需求已由热趋稳，其他安全应急产品的需求也进入了正常状态。此外，我国安全应急产业发展在进入"融合发展"过程中，新需求、新变化和新业态不断涌现，但满足人民日益增长的需求没有改变。因此，可以对我国安全应急产业发展给予比较乐观地估计，将能够保持10%以上的增长率。

第二节 发展亮点

一、发展壮大安全应急产业责任重大

落实国家提出的壮大安全应急产业的要求，是2022年安全应急产业发展的重点。李克强总理在《政府工作报告》中指出"2022年，国内外形势更加复杂多变，我国发展面临的各类风险挑战明显增多，统筹疫情防控和经济社会发展，统筹发展和安全，继续做好'六稳''六保'工作，持续改善民生，着力稳定宏观经济大盘"，这些重要工作，使安

全应急保障任务愈加艰巨繁重。中央提出"疫情要防住、经济要稳住、发展要安全",安全应急保障的责任更加重要。随着安全应急产业示范工程、安全应急产业示范基地建设逐步进入规范化发展阶段,我国安全应急产业发展也将逐渐走入正轨。2022年,安全应急产业的发展要紧扣稳增长、稳就业、稳物价的关键任务,精准高效地推进党中央一系列决策部署,在牢牢守住不发生系统性风险底线,满足人民日益增长的美好生活需要,确保我国经济稳定复苏向好,为实现保持社会大局稳定,迎接党的二十大胜利召开贡献力量。

按照《规划》提出的要求,壮大安全应急产业的发展,需要从以下四个方面发力。

一是加强宏观政策引导。多年来,安全产业和应急产业并行发展,分别从预防和救援两方面推动了产业进步,也提升了我国安全和应急保障能力。现在两大产业融合发展,原来顶层的政策已不能适应当前产业发展壮大的需要。建议在贯彻落实本《规划》过程中,在原来安全产业和应急产业指导意见的基础上,尽快出台一个顶层的指导性政策,比如《壮大安全应急产业发展的指导意见》,从宏观政策上为健全完善壮大安全应急产业发展提供保障。

二是支持技术进步。壮大安全应急产业,就要充分发挥科技的引领作用。在支持研发先进、急需的安全应急技术、产品中,要发挥政府资金的引导作用,吸引社会资源积极参与科研成果转化与产业化进程,面向四大类突发公共事件的需要,通过实施安全应急装备和产品应用示范,推动高端制造业和现代服务业融合发展,形成产学研用金协同推进安全应急产业高质量发展的局面。

三是推进集聚发展。按照党中央提出的优化应急物资产能保障和区域布局要求,依托国家安全应急产业示范基地创建工作,支持地方发展特色鲜明的安全应急产品和服务,提升区域安全应急产品供给能力,进一步调动地方积极性,优化现有示范基地发展路径,促进区域安全和应急保障能力分布更加合理。

四是提升支撑能力。国家应急体系建设需要安全应急产业提高保障能力,而国家应急体系建设又为壮大产业提供广阔市场。安全应急产业要抓住国家应急体系建设的机遇,围绕《规划》重点,如五类共十七项

第四十一章 2022年中国安全应急产业发展形势展望

重点工程，壮大产业与提供保障紧密结合，为应急管理体系和能力现代化建设，为建立与基本实现现代化相适应的中国特色大国应急体系，为统筹发展和安全的战略发挥应有作用。

二、示范工程有利于先进安全应急技术装备的推广应用

安全应急装备应用试点示范工程将推动安全应急产业高质量发展。2020年12月，工业和信息化部、国家发展和改革委员会、科学技术部联合印发了《安全应急装备应用试点示范工程管理办法（试行）》，2021年围绕矿山安全、危化品安全、自然灾害防治、安全应急教育服务四方面需求，从安全生产监测预警系统、机械化与自动化协同作业装备、事故现场处置装备等16个重点方向进行了项目征集。这些项目集中体现在5G、人工智能、工业机器人、新材料等在安全应急装备智能化、轻量化等关键技术的应用，希望应用"产品+服务+保险""产品+服务+融资租赁"等新模式，构建生产企业、用户、金融保险机构等各类市场主体多方共赢的新型市场生态体系，促进先进、适用、可靠的安全应急装备工程化应用和产业化进程，以高质量供给促进国内安全消费，为有效防范矿山、危险化学品行业重特大事故发生，提高自然灾害防治能力，培育安全应急文化等方面提供技术装备支撑。该办法所指安全应急装备是为安全生产、防灾减灾、应急救援提供的专用产品。

三、示范基地建设将进一步引领区域安全应急保障能力提升

通过评审和评估，安全应急产业示范基地建设将规范有序地提升各区域的安全应急保障能力。通过十多年的培养与发展，我国安全应急产业已经形成了一定的发展规模。特别是2016年底《中共中央 国务院关于推进安全生产领域改革发展的意见》发布以来，我国安全应急产业得到了进一步提升。同时，随着我国构建"以国内大循环为主体、国内国际双循环相互促进"新发展格局，安全应急产业示范基地创建工作的推动，我国安全应急产业区域发展分布已经从"两带一轴"的格局，正在向长三角、粤港澳、京津冀、成渝经济区四大区域为引领，东中西部协

同发展的新局面。所支撑和保障的领域也随着国家安全应急管理体系的健全完善，针对四大类突发事件的需要，也正在高质量发展的道路上快速前行。按照习近平总书记提出的"要优化重要应急物资产能保障和区域布局"，在壮大安全应急产业过程中，安全应急产业示范基地建设对优化产能保障和区域布局将发挥更大作用。依托我国工业体系优势，做好安全应急产业集群建设，增强产业集群规模和发展质量，围绕特色产业，通过锻长和补短，形成上下游联动的安全应急产业链。2022 年，随着《国家安全应急产业示范基地管理办法（试行）》的逐步推进，通过安全应急产业示范基地的申报、评审和评估工作，将进一步调动地方积极性，优化示范基地发展路径，促进区域安全和应急保障能力分布更加合理，更加高效，必将推动安全应急产业示范基地高质量发展。

四、健全统一的应急物资保障体系建设带来机遇

健全全国统一的大市场对健全统一的应急物资保障体系建设非常及时。2022 年 3 月发布的《中共中央 国务院关于加快建设全国统一大市场的意见》，对于从产能保障、调度机制、储备体系等各个方面，不断健全完善相关工作的体制机制，通过高效率的统筹协调、高标准的运行保障、高质量的督促检查，来确保健全统一的应急物资保障体系具有十分重要的意义。2020 年，在抗击新冠肺炎疫情过程中，工业生产在保障应急物资供给方面发挥了重要作用，也为安全应急产业发展提供了宝贵经验，但也发现了一些短板和弱项。2022 年年初以来，疫情多点散发，疫情区域的物资保障工作就显得尤为重要。目前物资数量供应已不成问题，但少数地区在物资运输和分发过程中遇到一些矛盾，造成一定困难，这与物流通行不畅有较大关系。当前疫情形势复杂严峻，打赢疫情防控攻坚战一个非常重要的工作，就是构建起系统综合、快速响应、多方协同、保障有力的应急物资保障体系。健全完善中央和地方统筹安排、分级储备、重特大突发事件发生时可统一调度的应急物资保障体系，就是要进一步充实完善专用应急政府储备、大力支持产能备份建设、增强医疗物资和装备应急转产能力等三方面的重点任务。

后　　记

赛迪智库安全产业研究所是国内首家专业从事安全应急产业发展研究的智库机构，本所不仅自 2013 年起多年连续撰写并出版了中国安全产业发展蓝皮书。此外，我们还在 2018 年、2019 年、2021 年发布了各年的中国安全产业发展白皮书，2019 年发布了《安全产业示范园区白皮书（2019 年）》，2020 年发布了《中国安全和应急产业地图白皮书（2020 年）》，2021 年发布了《2020 国家级安全应急产业示范基地创建白皮书》。当前，在工业和信息化部安全生产司的支持下，在中国安全产业协会等机构的大力帮助下，又继续撰写《2021—2022 年中国安全应急产业发展蓝皮书》。

本书由乔标担任主编，高宏担任副主编。高宏、封殿胜、刘文婷、李泯泯、程明睿、黄玉垚、黄鑫、杨琳等共同参加了本书的撰写工作。其中，综合篇由黄玉垚、刘文婷分别编写第一章和第二章；领域篇第三至第六章分别由黄鑫、刘文婷、李泯泯、程明睿负责编写；区域篇由封殿胜编写第七章，黄玉垚编写第八章，刘文婷编写第九章，李泯泯编写第十章；园区篇由黄鑫编写第十一章，程明睿编写第十二章至第十四章，李泯泯编写第十五章，黄鑫编写第十六章，李泯泯编写第十七章，杨琳编写第十八章和第十九章，刘文婷编写第二十章；企业篇由刘文婷编写第二十一章和第二十八章，李泯泯编写第二十二章和第二十七章，杨琳编写第二十三章和第三十章，程明睿编写第二十四章和第三十二章，黄鑫编写第二十五章和第三十一章，黄玉垚编写第二十六章和第二十九章；政策篇由封殿胜编写第三十三章，由黄鑫、李泯泯、黄玉垚、程明睿编写第三十四章；热点篇由杨琳编写第三十五章和第三十七章，程明睿编写第三十六章，黄玉垚编写第三十八章，封殿胜编写第三十九章；展望篇由黄鑫编写第四十章，高宏编写第四十一章。高宏、封殿胜、杨琳等负责对全书进行了统稿、修改完善和校对工作。工业和信息化部安全生产司和中国安全产业协会的有关领导、相关企业为本书的编撰提供了大量帮助，并提出了宝贵的修改意见。本书还获得了安全应急产业相关专家的大力支持，在此一并表示感谢！

由于编者水平有限，编写时间紧迫，本书中不免有许多缺陷和不足，真诚希望广大读者给予批评指正。

赛迪智库安全产业研究所

赛迪智库

面向政府·服务决策

奋力建设国家高端智库

诚信　担当　唯实　创先

思想型智库　国家级平台　全科型团队
创新型机制　国际化品牌

《赛迪专报》《赛迪要报》《赛迪深度研究》《美国产业动态》
《赛迪前瞻》《赛迪译丛》《舆情快报》《国际智库热点追踪》
《产业政策与法规研究》《安全产业研究》《工业经济研究》《财经研究》
《信息化与软件产业研究》《电子信息研究》《网络安全研究》
《材料工业研究》《消费品工业研究》《工业和信息化研究》《科技与标准研究》
《节能与环保研究》《中小企业研究》《工信知识产权研究》
《先进制造业研究》《未来产业研究》《集成电路研究》

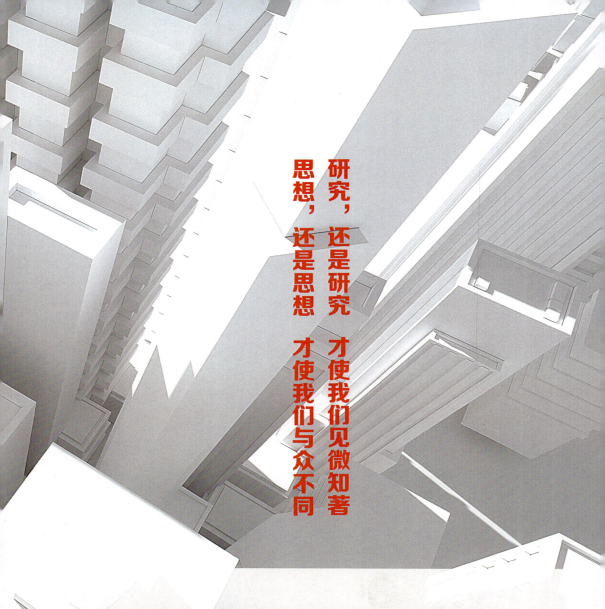

研究，还是研究　才使我们见微知著
思想，还是思想　才使我们与众不同

政策法规研究所　规划研究所　产业政策研究所（先进制造业研究中心）
科技与标准研究所　知识产权研究所　工业经济研究所　中小企业研究所
节能与环保研究所　安全产业研究所　材料工业研究所　消费品工业研究所　军民融合研究所
电子信息研究所　集成电路研究所　信息化与软件产业研究所　网络安全研究所
无线电管理研究所（未来产业研究中心）　世界工业研究所（国际合作研究中心）

通讯地址：北京市海淀区万寿路27号院8号楼1201　邮政编码：100846
联系人：王　乐　　联系电话：010-68200552　13701083941
传　　真：010-68209616　　网址：http://www.ccidthinktank.com
电子邮件：wangle@ccidgroup.com